致汤米·纳特（Tommy Nutter）
（1943 年 4 月 17 日～ 1992 年 8 月 17 日）

第 1 页：百索 & 布郎蔻（Basso & Brooke）时尚印花
第 2 页：百索 & 布郎蔻（Basso & Brooke）男装

男装设计：

灵感·调研·应用

［英］罗伯特·利奇　著

赵阳　郭平建　译

刘卫　审校

中国纺织出版社

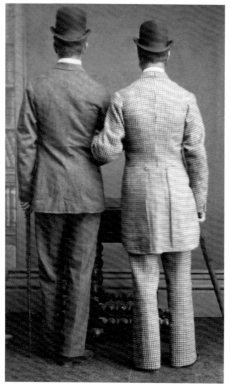

维多利亚时代绅士

目　录

3 经典男装传记

前　言

我作为威斯敏斯特大学（Westminster）时装设计专业的课程总监，经常被问到这样的问题：成为一名伟大的时装设计师应该具备怎样的品质？诚然，伟大的设计师具备天生的色彩感，能一眼找准和谐的比例，更能利用超常的空间感根据人体进行立体裁剪，但是比这些更重要的是他们有不断创新的渴求，而这却是源自于不断地尝试和调研。

出色的设计绝不是设计师手拿画板和铅笔坐在那里空想就能想象出来的。真正的设计师专注于调研各种作品的"前世今生"，他需要知道过去流行什么、当下流行什么，然后才能敏锐地发现未来会流行什么。

任何成功的设计过程，无论是在课堂上的学习还是进行专业的设计，都是从脚踏实地的调研入手。只有通过深入地调研，才能揭示那些外在的事物与内在的事物之间的微妙关系，才能使我们意识到那些自认为早已通晓的东西仍然能给予我们新鲜的想法和灵感。

出色的设计师总是能够通过深入地调研过去的潮流，发现、重塑或有时甚至就是直接拿来他想要的东西，然后运用对比、模仿、夸张等手法展示其在未来设计中的可能性和重要性。

近年来，男装设计越来越受到人们的关注。尽管男装与女装在设计的基本理念上存在共性，但两者背后的深刻含义及着装要求都有所不同，这对于没有经过专业训练的常人来说难以察觉。然而，正是对这些细微差别的高明处理才能成就优秀的设计师，正所谓细节决定成败。

我与罗伯特·利奇（Robert Leach）已有20年的交情。他是一名服装设计师，也是一位践行者和教育者。起先，他在中央圣马丁艺术与设计学院当教师，后来一直任教于威斯敏斯特大学。他教授一门很重要的设计课——二年级的"运动装设计"。这门课程是通过对运动装的深入调研帮助学生们明白服装调研的重要性，从而将运动装的历史与现代联系起来。

作为一门学科，男装设计长久以来一直注重其运动的功能性，经过不断改良、重塑，演变出男装的一些固定款式，如运动夹克、马球衫、卫衣等都成为当今男士衣橱里不可缺少的服装。

设计师，尤其是男装设计师，应该将现实中的服装作为服装设计调研的真正资源，无论是复古的还是时尚的、实用的还是特用的、定制的还是成衣的。当然，他们也明白只有合适的穿着方式和搭配才会使服装变得时尚，才能体现出当代男士的着装风格。

然而，男装设计绝非是对过去的简单重复，而是要深入调研其深厚的文化背景，要学会思考与男装紧密相关的事情，如身份、性取向、

19 世纪俄国贩卖便鞋
的街头小贩

政治、权力等。威斯敏斯特大学的设计课程就是要让学生明白创新的设计与深入的调研密不可分。要学会对那些表面上看似不相干的元素进行多样化的视觉调研，才能发现它们之间的联系，才能迸发出新的想法，这是服装设计成功的关键所在。

那么，这本书到底有什么用呢？首先，它将向大家充分展示专业时装设计师运用各种调研手段及方法打造出的令人震撼的服装作品，出色的男装设计师会将传统风格发扬光大，也会通过创新将它们推向新的高度。

其次，本书通过大量的插图更直观地呈现了设计师完成作品的过程。同时，本书中采访了诸多当今著名的设计师，现身说法，说明个人的深入调研对服装设计的关键作用。

这些采访史无前例地直观展示了服装设计过程中诸多的调研方法。从 路 易·威 登（Louis Vuitton）的金·琼斯（Kim Jones）设计的高档奢侈男装，到蒂莫西·埃佛莱斯特（Timothy Everest）的萨维尔街风格的男装，再到奈杰尔·卡本（Nigel Cabourn）的复古实用的男装，都无不证明了调研对服装设计的重要性。

总而言之，此书向大家展示了设计师调研男装、设计男装的过程，充分说明了要设计出新颖独特、令人震撼的男装，就要依靠深入的调研和不断的创新。

安德鲁·格罗夫斯（Andrew Groves）
威斯敏斯特大学

导　言

男装与女装的一大区别在于男装设计师只能在一个相对狭小的范畴里发挥创作才能。男装设计无法像女装那样概念宽泛、前卫时尚，它作为一个设计门类，更加注重实际，也可以说它的设计更注重产品的市场化。

男装的历史可以追溯到几个世纪以前，在那个时代就存在的大衣、外套、裤子、马甲等，今天依然随处可见。就像女装的时尚潮流总是不断回归一样，男装的流行趋势往往也具有周期性。

法国大革命（1789—1799）以前，男士们的穿着往往比女士更浮夸艳丽，他们常常身着色彩明亮的服装招摇过市。法国大革命是男士着装风格的一个转折点，从那时起，上流社会的男装品位就逐渐变得沉稳低调，不再那么引人注目了。尽管人们认为18世纪晚期上流社会花花公子们的穿着依然华丽，但事实上，他们已经开创了崇尚款式简洁、颜色素净的服装风格。博·布鲁梅尔（Beau Brummell）是那个时代颇负盛名的花花公子，也是当时英国摄政王的好友，他很少使用复杂的装饰，更加趋于低调。男士礼服一般是黑色、墨绿色或深蓝色，原来及膝的马裤变成了长裤，颜色也从过去以白色或奶油色为主的浅色变成了更深的颜色以搭配上衣。也就是在这一时期，更加注重精细裁剪的西装出现了。

于是，黑色西装盛极一时。到工业革命时期，西方男士几乎都穿着黑色西装，配以浆洗过的挺括的白色衬衫。尽管从西装的裁剪和面料上很容易区分富人与穷人，但一定程度上贵族与平民之间社会地位的差别在着装上已逐渐消失。

时至20世纪，社会名流开始对服装时尚产生重大影响。在20世纪20~30年代，温莎公爵（原英国国王爱德华八世）对当时的英美男装风格产生了巨大影响。从那时起，好莱坞电影明星成为时装潮流的引领者。

1929年，在英国成立了"男装改革党"，伦敦大学一位心理学家约翰·卡尔·弗雷格尔（John Carl Flügel）就是发起人之一。其后的10年间，该党一直宣讲"男性美的解放"，这也许是对"一战"的一种强烈抵制，又或者是人们崇尚健康运动新风尚的结果。事实上，有没有这一小群改革者，服装的风格总会发生变化，不变的只是服装的基本要素。这一时期服装发生的最大变化就是休闲装的出现。

"二战"之前，男士普遍穿西装或工装去上班，多数人还会戴上一顶帽子，到了周末则总是要穿上最好的衣服，一般都是西装。在美国，人们可以通过衣领的颜色区分职业：蓝领是体力劳动者，而白领是脑力劳动者。

19 世纪的服装风格： 从左到右依次为，上流阶层、工人阶层、中产阶层

到了 20 世纪 40 年代前半期，全世界的男士们几乎都换上了各种军装。大多数制衣厂生产的都是军装，这样，一种"凑合＋缝补"的节俭文化诞生了。1941 年英国政府出台了一套生产物美价廉服装的战时实用性方案，严格要求尽量节省布料、少用或不用装饰。这种衣服都打上了由雷金纳德·希普（Reginald Shipp）设计的 CC41 的标签（代表 1941 年平民服装的意思），充分表明了服装行业对战时紧缩政策的响应。

当时，英国的"实用套装"和美国的"胜利套装"原料都是羊毛与合成纤维混纺的织物，衣服上没有褶皱和翻边，这样就可以节省布料了。夹克也比原来短，而且不再有袖扣和明口袋。裤子裁剪得比原来瘦，双排扣西装也不再搭配原来必有的马甲。

在战时纺织品定量分配的政策结束以后，人们的裤子变得宽松起来，装饰褶皱再次回归。当时，美国《时尚先生》（*Esquire*）杂志树立的就是身着宽肩、大翻领衣服的硬汉形象。但在英国，直到 1949 年才解除了布匹的限量分配政策。当时，政府给即将退伍的军人发放"复员装"，一般是蓝色或灰色间有白色细条纹的面料。当退伍军人到复员中心上交军装时，政府会给他们每人发放"复员装"包裹，里边有一套三件套装，或者一件单排扣夹克加一条法兰绒裤子、一件可拆卸衣领的衬衫，一双鞋，一顶毛毡帽或者平顶帽。我父亲就是身着他的复员装与我母亲结婚的。这些复员装大多由当时有名的裁缝店蒙塔古·伯顿（Montague Burton）在位于英格兰利兹的加工厂生产的。

"二战"前，说人们穿着比较随意，也就是脱掉外套、卷起袖子而已。当时适用于各种运动和休闲活动的服装已出现，包括猎装、高尔夫毛衫、马裤等，但不能算是真正意义上的休闲装。战后，一部分服装逐渐被人们改进为休闲装。原来只当作内衣的 T 恤和只当作工作服穿着的牛仔裤被搭配在了一起，有时也和机车夹克或者猎装搭配。当时的影视明星和音乐家在美国树立了这种休闲风尚，很快休闲时尚就穿越大西洋来到了欧洲。休闲装以及代表工薪阶层的风尚的出现是战后社会财富增长的结果。1951 年，标志着战时紧缩政策结束的英国时装展演，向人们展示了休闲服饰的时尚风向。在英国，伯顿公司（Burton）使年轻人花费 55 先令就可以购买一套西服。在美国，J.C. 彭妮公司（J.C.Penny）和西尔斯公司（Sears）通过实体店和邮递的方式把衣服卖给年轻人。他们首次有了自己能够自由支配的收入，并花费其中大部分来购买时装。

伦敦萨维尔裁缝街（Savile Row）自古以来就是高级定制男装的圣地，可惜在伦敦大轰炸期间遭到了严重破坏。幸运的是，经过几番努力，它最终于 1950 年恢复营业。正是在那一年，著名的时尚杂志《时尚芭莎》（*Harper's Bazaar*）宣称了"花花公子的回归"，萨维尔街再次繁荣起来，开创了"新爱德华式风貌"。这一风貌的特点以稍有些喇叭式、肩线自然、裁剪整体偏瘦的服装为主，搭配卷边的圆顶高帽与带有丝绒领口和袖口的修长大衣。年轻的工薪阶层男士效仿了这一风格，最终使其发展为著名的"泰迪男孩"（Teddy Boys）男装品牌。他们运用颜色亮丽的短袜、鞋带进行搭配，以达到被理查德·沃克（Richard Walker）称为是"爱德华式的花花公子与美国街头暴徒混乱结合"的效果 [《裁缝街的故事》（*The Savile Row Story*），普瑞（Prion），1988]。萨维尔街上那些正统的裁缝店对新爱德华风格不屑一顾，但正装也不再是传统保守的英式立体裁剪了。单排扣、细条纹、小垫肩的新款西装风靡一时，深灰色代替了原来无处不在的黑色，灰色法兰绒西装的时代到来了。

20 世纪 50 年代末，欧洲大陆式风格在时尚之乡意大利出现，削肩、轻薄有光泽的面料、短款合身的夹克式以及较窄的翻领成为其主要特点。

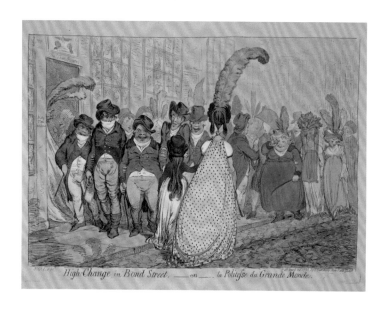

此漫画描绘了 1796 年伦敦庞德街（Bond Street）上穿着时髦的行人，5 位西装笔挺的男士为保持自己衣服干净整洁，不顾往日的绅士风度，独占人行道，致使两位女性不得不行走在泥泞的路面上

1937 年，为参加男装改革组织举办的竞赛，5 位男士身着奇装异服行走在伦敦乔治国王厅附近的大罗素街（Great Russell Street）上

12、13 页图：（从左上顺时针方向）1945 年的退伍军人以及海员拿着"复员装"离开伦敦奥林匹亚中心的场景；20 世纪 40 年代末标有 CC41 标志的马裤；1936 年 10 月，为反对高失业率的游行示威人群，他们由英格兰东北部的贾罗城出发，朝伦敦方向行进了 480 公里

在美国，西装流行过后，男士纷纷穿上了休闲的运动装。在 20 世纪 50 年代早期，苏格兰格纹流行一时，各式各样的格纹衣服以及有皮扣的条绒夹克备受人们钟爱。卡其色或者丝光斜纹棉的裤子都非常适合在休闲场合穿着。到了 50 年代中期，马德拉斯格纹的百慕大式短裤搭配及膝长袜又流行开来。整个 50 年代，各式各样的针织衫、毛衣非常流行。而在美国好莱坞，身穿牛仔裤、皮夹克、白色 T 恤的叛逆形象十分流行，如马龙·白兰度（Marlon Brando）和詹姆斯·迪恩（James Dean）分别在电影《美国飞车党》（1953）和《巨人传》（1956）中的造型，所以，这种风格又为年轻人所追捧。

时尚是年轻人的王国，充斥着各种各样、独特的亚文化。20 世纪 50 年代泰迪男孩的风格过后，是 60 年代摩登派和摇滚乐手的天下，接着人们又迎来了嬉皮士以及迷幻风格。迷惑摇滚、光头党充斥着 70 年代初，其后又出现了大量的朋克风格。音乐和时尚从来都是融合一处的：哥特风格、独立摇滚少年、滑板少年、嘻哈音乐的爱好者等都有他们各自的时尚空间，而每一种亚文化风格元素最终都逐渐渗透进了主流时尚。

现如今，男士消费者往往期望一件衣服可以至少穿 6 个月，因此，男装设计越来越突出跨季节的特点，设计师也就必须考虑质量和耐穿性。这样，男装就不能像女装一样紧跟时尚潮流，它更加注重细部、舒适度以及面料。当然，也有一些男装是非常小众且独特的。男性消费者往往有两类：要么特别不讲究，要么特别讲究。

1
调研过程

调研实践

男装设计师固然能够利用许多不同的资源进行设计调研，但是他们最终总是会注重于男装的实用性和功能性。不管设计师看上去多么的其貌不扬或者前卫，他们深知男装与其说是艺术品不如说是产品（这一点与女装不同，女装有时就只是一种艺术），所以他们设计的核心就是服装的实用性。

要想成为一名出色的男装设计师，深谙男装的发展历史至关重要，尤其是熟悉定制男装和军装的历史。男装从不追求精致的轮廓和奢侈的细节，也不像女装那样运用多彩的颜色和印花。当然，这一点在过去的几年里有所改变，如今的男士消费者比他们的先辈更加具有独到的眼光，也更加大胆。

安德鲁·格罗夫斯是英国伦敦威斯敏斯特大学的课程总监，他说："总体而言，女装设计的思路仍比较老套，从一些抽象的、虚无缥缈的题材中获取灵感，而男装设计则更加注重服装的制作技术、实用性和功能性。即便有的男装设计得较为魔幻，如汤姆·布朗尼、维果罗夫（Viktor & Rolf）等，但依然不失对服装功能性的关注。因而，这样的男装在实用性、功能性和魔幻性上保持了平衡。"

伦敦皇家艺术学院的高级男装讲师艾克·拉斯特（Ike Rust）说："当下，真正的男装设计是设计师们敢于追求独创，用自己独特的方式追随绝不泛化的思想。时尚很难真正实现，有时它只不过是用权宜之计的造型去粉饰服装，但很多人都看不明白真正的时尚与这种造型之间的区别。"

伦敦中央圣马丁艺术与设计学院的男装讲师斯蒂芬妮·库珀（Stephanie Cooper）认为，"当今的男装设计师非常注重细部和对传统的革新、颠覆，他们对制作、缩放、比例都非常敏感，在这种情况下，裤子宽度的变化或者有无翻领的设计都可能就是重大的变革。这使得设计师们还有无穷无尽的空间可以探寻。"

莎伦·格劳巴德（Sharon Graubard）是纽约时尚资讯网（Stylesight，世界顶尖的时尚趋势预测网站）流行趋势分析部的高级副总裁，她也非常认同细部的重要性。她说："我认为，男装的优势在于它的语汇比较小。这就意味着，任何微小的变化，如领口高一点、衣领宽一点、裤腿短一点、颜色惊艳一点，都能表达出很多含义。"

优秀男装设计的一个重要元素是服装功能性的实现。格罗夫斯认为，对不断发展的男装得从技术和美学两个角度去审视。如6876、MA.STRUM、巴伯尔（Barbour）、亨利·劳埃德（Henri Lloyd）和Ten C 的设计师们，都对开发功能性的服装非常感兴趣。这意味着，男装设计要以服装的实用性和功能性为出发点，以便使服装适应现代社会的需求。

他说："设计师们应从日常服装着手调研，例如工装、军装或功能服装，再不断尝试采用新型面料或进行面料处理，才能设计出细部地道、加工和后整理方式现代的服装。"

男装设计的另一个重点是懂得利用品牌的历史和传统。与奢侈品牌巴宝莉和路易·威登一样，英国品牌巴伯尔非常注重自身优秀的传统风格，不断创造出适合现代消费者的产品。传统风格的成功使一些品牌创造出一种历史感，弥补了这些品牌创立时间不长的缺憾。在英国，杰克·威尔（Jack Wills）和哈克特（Hackett）（分别成立于 1999年和 1979 年）就是凭借他们服装厚重的历史感取得了成功。阿贝克隆比菲奇（Abercrombie & Fitch），本是个历史悠久的品牌（成立于 1892年），但在 20 世纪 70 年代重新开业，相对是时装界比较年轻的新成员；拉夫·劳伦（Ralph Lauren）也是自 1969 年起运营，但是，这些公司的服装同样因为有很强的品牌历史感而受到顾客的青睐。

格罗夫斯说过，"在定义男装的参数中，设计师们有很大的空间可以重塑和重新诠释经典服装（例如，两件套套装、战壕风衣、哈林顿夹克或运动夹克）。这种对'经典'元素的解构和利用就是为什么男装设计如此令人兴奋不已的原因。"

纽约时尚资讯网的莎伦·格劳巴德认为，男装设计的调研范畴应该更广阔。她说："对于设计师来说，一切都值得调研，聚会上的人们、上学路上的孩子、电影、艺术等。设计师们应该从一切事物中获得艺术的启迪，但同时也必须了解服装市场的特殊性，而零售商、杂志、博客都是了解市场的重要触点。"

当然，对自己感兴趣的领域进行调研很重要。正如艾克·拉斯特所说："我鼓励学生从那些激发他们兴趣的东西出发进行设计。如果他们有勇气做自己所喜欢的，不惧怕真诚地展示自己是谁、在做什么，他们才有可能在这个行业中有所建树。"

他还说："我相信，设计师的灵感与他们的性格密切相关。这是必然会影响设计的一个元素，如果他们能认识到这一点，并善加利用，就能让性格帮助他们设计出具有自己风格的东西。"

"如果让学生只把调研当作一个目的而不是一个过程的话，他们的设计就会陷入困境。他们也许会整理出上百页用于'研究'的图片，但却无法从中获得灵感，也不知道如何加以利用。"

理查德·格雷（Richard Gray）是中央圣马丁艺术与设计学院、威斯敏斯特大学和伦敦皇家艺术学院的插图画家和讲师。他说："与女装不同，男装有更多的具体规则和服装语言，设计师有更多的机会去颠覆、创新，并找寻灵感，从而产生新的思想。"

格雷认为，许多男装设计的灵感都来自于常见的服装，如运动

左图：法国路易·威登 2013 年秋冬男装展品，从登山运动中获得灵感而设计的帆布背包和附带的毛毯。这组展品的灵感来自于登山运动和不丹王国喜马拉雅山脉区域

右图：英国伦敦威斯敏斯特大学，艾登·韦弗（Aiden Weaver）设计的登山装系列作品集

装、军装、成衣等，所以学生应该学会利用这些资源。这就意味着他们应该去古董店、军需品店、运动装店，甚至易趣网寻找灵感，而不是只盯着那些已从这些事物中获得灵感而设计出来的服装。他鼓励学生寻找真实的资源，这样才能更近距离地研究这些服装的细部。只有通过这样的方法真正了解了服装，再从书本、博物馆的资源中得到补充，他们才能得到灵感去进行设计。不管他们在裁剪和设计中如何富有创造力地诠释和应用这些灵感，但都要以深刻理解和分析为基础。

巴宝莉（Burberry）

THE RIDING BURBERRY
Very full skirts completely protect the knees and legs.
*Burberry Gabardine recommended ; 10|6 more than
price quoted for Walking pattern*

1856 年，巴宝莉在英国汉普郡贝辛斯托克小镇创建，创始人托马斯·巴宝莉（Thomas Burberry）曾是一名服装商学徒。直到 1870 年，他才开始做外衣生意，制作经久耐穿的、防风防雨的服装，其中就包括华达呢经典风衣（或外套）。1901 年，巴宝莉注册了自己的商标，图案是一个骑在马背上的骑士，还配有拉丁文"Prorsum"的字样，意思是"前进"。"Prorsum"已成为巴宝莉成衣服装系列的名称。如今，巴宝莉变成了具有实用性和功能性服装的代名词，总是与著名的运动员、探险家和登山者联系在一起。

2009 年，莎莉·贝恩（Sally Bain）在接受《威斯敏斯特时尚杂志》采访时说，2001 年，克里斯托弗·贝利（Christopher Bailey）成为巴宝莉的创意总监，使巴宝莉成为当今时尚界最火热的品牌之一。贝利抓住了巴宝莉品牌的传统风格，把一些恒定不变的品牌元素融入到设计中，体现在外套及经典款式的上衣中，从粗呢风帽大衣到水手双排扣短外套，从渔夫装再到战壕风衣都是如此。

现在的巴宝莉总部设在伦敦，一家占地面积 2500 平方米的旗舰店也在伦敦第一购物街——摄政街（Regent Street）开张营业了。

对于贝利来说，开这家店是经过深思熟虑的，他想尝试将巴宝莉网络销售经验运用于实体店。这家店内配有超大的电视屏幕，可播放音频和视频，还可现场直播。商店还在一些服装和配饰上安装了无线射频识别芯片，这样当顾客拿着一件衣服靠近某个屏幕时，就可以自动播放有关这件衣服的影片，也许是这件衣服在秀场中的展示，也许是制作这件衣服的过程。

2012 年 9 月，贝利在《卫报》的一次采访中谈到："其实，人们对产品背后的故事更感兴趣。在网站上你能够通过视频、文字和图像让人了解更多服装背后的东西。所以，我们想做的是，假如我在实体店试穿一件衣服，走到一个连接了无线射频识别芯片的屏幕前，它就会自动展示制作这件衣服的全过程。我们就是想把服装和时尚背后的故事展现出来。"

在贝利接受威斯敏斯特大学杂志的一个采访时（他曾是该校的一名学生）也谈到："巴宝莉是一家既走在新技术前沿，但同时也紧紧抓住经典风格、不忘本的公司。"

汤姆·布朗尼
(Thom Browne)

20 页图：汤姆·布朗尼 2013 年巴黎春夏时装系列，模特身穿明亮色调的薄棉布服装，极具视觉冲击感

下图：2013 年伦敦春夏男装展，模特身穿汤姆·布朗尼设计的套装出现在伦敦哈洛德百货公司门外，这是本次时装展的开幕表演

2006 年，汤姆·布朗尼在接受《纽约》杂志艾米·拉洛卡（Amy Larocca）的采访时，他把顾客描述成他的缪斯。他说道，他也喜欢做一些私人的事情，过自己的小日子，总之，他喜欢一切都低调些；比如，虽然他所居住的房子时间很久了，但却很舒适，内部虽然没有装潢，但也还算是有些装饰；再比如，他重视健康，但不是很过分；他吃得讲究，但不会过分挑剔，他也会吃冰激凌和黄油，也会喝酒；总之，他觉得一切都挺好。

1965 年，布朗尼出生于美国宾夕法尼亚州，在去纽约的拉夫·劳伦公司工作之前，他曾想成为一名经济学家。2001 年，他离开了拉夫·劳伦公司并开创了自己的事业。起初，他设计了五套服装，由纽约的一位意大利裁缝制作，然后他自己穿上这些衣服招摇过市。他从一直钟爱的复古风格的服装中得到灵感，设计的服装总有一种 20 世纪 50 年代卡通形象的感觉，如像皮威·赫尔曼（Pee-wee Herman）（一个滑稽的人物形象）穿的那种稍短的裤子、袖子偏短的上衣、扣位很高的夹克。在过去的几年里，他对服装裁剪有了新的解读，使得西装再次变得炫酷起来。

"我觉得牛仔裤配 T 恤已经成为一种经典风格，"布朗尼说，"每个人都这样穿。所以，你要与众不同地穿上一件夹克就能表现出反传统的态度了。"

布朗尼与经典美国品牌布克兄弟（Brooks Brothers）就黑羊毛系列展开了合作，同时也为法国公司盟可睐（Moncler）设计男装，自 2009 年以来，他一直负责设计该品牌的高级男装 Gamme Bleu 系列。

除了他自己的服装系列和在其他公司的设计工作外，布朗尼也在季节性的巴黎时装秀上展出一些大胆的设计。这些作品风格前卫、样式奇特、色彩奔放，与他标志性的灰色套装形成鲜明的反差。但是，正如蒂姆·布兰克斯（Tim Blanks）在风格网（Style.com）上指出的，"你会发现，时装秀的服装富丽堂皇、珠光宝气，还用低调的暗金色圆圈强调出来，而这些秀场的服装完全是为了衬托那些灰色法兰绒套装的。"

川久保玲旗下服装品牌 CDG
（Comme des Garçons）

川久保玲（Rei Kawakubo），1942 年出生于日本东京，她一向沉默寡言，淡化自身的影响力。工作中，她偶尔会就某一件作品说上一个字，但一般也很抽象。她的灵感令人费解，难以捉摸，但是仔细观察你会发现，川久保玲的男装总是有很强的实用性，这一点深深扎根于这一品牌的历史。1978 年，川久保玲推出男装系列，由渡边淳弥（Junya Watanabe）担任设计；1984 年，她推出了 Homme Plus 男装系列；1988 年她又推出了男士衬衫系列，这批衬衫在法国制造，价格比其他主流产品低廉一些。

尽管她的设计被认为具有现代气息，且刻意规避怀旧风格，但 19 世纪的风格在川久保玲的作品中有时很明显，她所设计的服装充分证明了她对这一时期的深入调研。同样，在她的服装中还能明显地看到各种工装和其他特殊服装类型的影响，如机车夹克、粗呢风帽大衣、双排扣长大衣以及许多其他经典服装款式都频繁地出现在她的作品里，但她会通过面料的选择或夸张的裁剪来重塑原型（顺便提一下，她对面料十分在行，曾以开发触感极好的面料而出名）。她的服装有时风格怪异，有时会采用人们意想不到的搭配或比例，甚至有时会从不同寻常的历史和文化中获取设计元素，如日本传统服饰中的褶皱，或者把日本渔夫的工装与西方传统的裁剪相融合。

2012 年她的秋冬作品系列以"非男非女"命名，蒂姆·布兰克斯在风格网上将这场时装秀描述为"介于纽约洋娃娃与《新乌龙女校》中女孩之间的虚幻境界"。他说："川久保玲的作品一面宣扬无性别区分、男女兼具的审美观，另一面将织锦运用到双排扣长大衣上，将波纹缎带装饰到帽子上，也把蝴蝶结系在脖子上，而这些通常都是与女装有关。她用三角帽搭配带披肩的男士大衣，在一系列看起来很像 18 世纪绅士所穿的衣服中结束了这场时装秀。"

上图及 23 页图：CDG 品牌，2012 年巴黎秋冬男装展

路易·威登：金·琼斯（Louis Vuitton：Kim Jones）

金·琼斯是路易·威登的男装设计师，也是一个不折不扣的自然历史迷。作为一名设计师，旅游对他来说显得十分重要，是他的灵感源泉。

"我的灵感主要源于旅行，它将我带到不同的地方，让我有所见、有所感，了解真实的故事。"他说，"为了获得灵感，我到处去旅行，所以在路易·威登的作品中总是体现着旅行元素，这正是我服装设计的基础。我总是随时随地地从旅行中捕获灵感，创作出新的东西。"

为了设计2013年秋冬装系列，琼斯来到了位于喜马拉雅山脉中的不丹王国。他解释说："我当时在寻找距喀喇昆仑山区最近的地方，那里是有名的路易·威登毛毯的产地。而且，不丹王国的异域文化和野生动植物都让我觉得那里就是产生灵感的圣地。"

他的秋冬装系列通过特殊的技术手段呈现出让人着迷的雪豹花纹。他用针刺的手法把底衬的貂皮和羊绒面料缝制在一起，并采用了英国艺术家查普曼兄弟（Jake and Dinos Chapman）设计的传统印花图案。他给这一系列命名为"地狱中的花园"，描绘了喜马拉雅山脉中葱绿的树叶、神秘的生物，使人们感受到这个世界角落的神秘和丰富的历史。此外，他还大胆地使用牦牛毡和驯鹿皮，将喜马拉雅山的灰色岩石制成袖扣，把不丹王国传统的格子布和条纹布制成英式套装。为了配合喜马拉雅风格，他还给外套束上了用带有银饰的登山绳索制成的腰带，搭配斯黛芬·琼斯（Stephen Jones）设计的夏尔巴风格的帽子。

> "如果一幅图能抵得上千言万语，那么去看一个地方就能抵得上无穷无尽的言语。"
>
> ——金·琼斯

在描述他的设计时，琼斯谈到，他把这些个人的风格逐渐渗透到路易·威登品牌想要倡导的一种生活方式中。通过设计，他想表达"总有一些人，无论身处世界何地，都能身心自在。"

他说："当我在设计自己的服装系列时，多数体现的是青年文化；当我为登喜路（Dunhill）设计服装时，表现的是它辉煌的历史；而在路易·威登，我则会传承并发扬它的传统精髓——这一品牌虽然植根于传统，但在时装界极具引领性。总而言之，设计就是要体现当代男性的需求，我认为我就是这样一名设计师，能在服装设计中融入自身元素。"

"我痴迷于调研各种各样的事物，并为之耗去大量的时间。我想要了解事物最纯粹的本源，然后再将它们发扬光大。我收藏大量书籍、服饰、艺术品，当然还有许多其他的东西。"

琼斯还说："与以前不同的是，我现在有更多的资金，能使我找到更加稀有、别人难以获得的东西或书籍，也可以让我去各地旅游获取灵感，这一点很重要。"

25页图：路易·威登2013年巴黎秋冬男装系列，灵感来自喜马拉雅山脉

兄弟（Sibling）

2008 年在伦敦，三位年轻设计师乔·贝兹（Joe Bates）、希德·布莱恩（Sid Bryan）、柯泽特·麦克里瑞（Cozette McCreery）成立了兄弟针织服装公司。据其宣称，他们的设计理念是运用漫画文化中具有冲击力的色彩和英式幽默对传统针织男装进行彻底的颠覆。

的确，他们的首秀就颠覆了传统的针织男装。他们运用人们意想不到的技法赋予男士针织衫一种颓废的格调，有缀有亮片的、豹纹花色的运动套装，还有闪闪发光的布里多尼毛衣。

在他们的第二次男装发布会上，他们更是将颠覆进行到底，并迅速名声大噪。他们的作品，乍看上去像传统的皮夹克，但仔细看，则能发现面料是由黑色棉纱织成，再将它们层压成仿旧皮革的感觉。就连貌似最传统的牛仔夹克也是用靛蓝色纱线纯手工编织而成。

而 2011 年第三次主题为"酒鬼"的秋冬装的设计灵感来自于伦敦东区的各个酒吧。金心酒吧让他们设计出带有蜘蛛网式肘部设计的绣有文身风格心形图案的圆领毛衣。泥瓦工装备酒吧（Bricklayer's Arms）让他们设计出了背后绣有盾徽的拉链式学院风格的针织夹克。还有红狮酒吧，让他们用这种猫科动物设计出一款毛衣。而从乔治与龙酒吧（George & Dragon）获得的灵感让他们设计出一款传统的费尔

下图及 27 页下图：兄弟，2010 年，带有艺术家威尔·布鲁姆（Will Broome）所绘的骷髅和卡通人物图案的费尔岛毛衫

岛针织毛衫。这款毛衫在苏格兰织造，但是他们没有采用传统的几何图案，代之以交叉的雪茄、龙形和圣·乔治的头像。

他们三人依旧采用各式各样的方法在他们的流行美学的道路上探寻着，不停地将生活元素纳入设计，从英国的游乐场、快餐到疯狂的、有异性转化欲的朋克音乐家。正是这种把最世俗的与最卓越的融合在一起的本领使得他们的设计如此新颖、如此令人振奋。

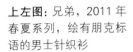

上左图：兄弟，2011 年春夏系列，绘有朋克标语的男士针织衫

上右图：兄弟，2011 年，熊猫摇滚毛衫配巴拉克拉法帽

山本耀司
（Yohji Yamamoto）

"当我在巴黎开始设计男装时，我的宗旨是：抛弃西装革履，远离职场工作，孑然一身去流浪。"

——山本耀司

山本耀司 1943 年出生于东京。1981 年，应法国高级时装公会之邀在巴黎举行时装展后，首次引起西方时尚媒体的关注。关于他设计的黑色男装系列，他解释说，单调的色彩使他将全部精力投入到剪裁上，力求传达出既谦恭又骄傲的气质。

20 世纪 80 年代，他标志性的黑色宽松西服外套，搭配阔腿裤和白 T 恤的着装风格成为创意或艺术领域穿着考究的男士们的首选，如广告公司经理、建筑师及导演等。

1983 年，《纽约时报》（*The New York Times*）记者约翰·杜卡（John Duka）采访了山本耀司，他用他那一贯高深莫测的口气说："我一直在想为什么男装一定得有别于女装？或许是男士们这么想的吧。"

1989 年，德国电影导演维姆·文德斯（Wim Wenders）为这位神秘莫测的设计师拍摄了一部纪录片，题为《城市时装笔记》（*Notebook on Cities and Clothes*）。在影片中，山本耀司现身说法，描述了他是如何从日本男士工作服以及 20 世纪初德国摄影家奥古斯特·桑德（August Sander）拍摄的人物肖像中获取灵感的。

桑德于 1911 年拍摄了他最知名的作品《20 世纪的人们》（*People of the Twentieth Century*），是一系列的人物肖像，分为七个部分：农民、商人、妇女、中产阶级、艺术家、市民以及社会底层的人们（无家可归和被剥夺权利的人们）。

桑德的这些作品对山本耀司和川久保玲的男装设计影响极大。无论是在山本耀司的服装广告中，还是在他的 T 台秀上，总能见到桑德作品的身影。例如，在 T 台秀上，年轻模特的脸上有一种沧桑但却不墨守成规的表情，兼具农民和艺术家的气质。

28 页图: 山本耀司 2008 年秋冬男装系列,具有怀旧风格的外套和帽子,灵感来自于 20 世纪铁路工人和邮递员的服装

本页图: 20 世纪初的美国邮局电报员

拉夫·劳伦旗下复古高端品牌 RRL（RRL by Ralph Lauren）

网站信息显示，RRL 这一品牌创立于 1993 年，是对蛮荒西部的独立精神和美国工人坚持不懈的精神的献礼。这一品牌的名称和图标取自于拉夫·劳伦位于科罗拉多州的农场，这一点充分说明了这一品牌的精神与风格。

两个 R 的设计初衷是为了表达这一品牌将制作质量最上乘的经典男装。他们将采用优质的传统面料和精湛的手工工艺来制作那些经久不衰、深受人们喜爱的款式。例如，美国手工缝制的镶边牛仔裤，他们选择在日本采用传统的 28~32 英寸（1 英寸 =2.54 厘米）织布机织成的牛仔布，再用美国制造的棉线、铆钉、皮牌进行加工缝制。他们宣称世界上绝无两件完全相同的衣服。

RRL 品牌选料考究。如英国的粗花呢是英格兰利兹仅存的立辊轧机织成的布料，它可以追溯到 1937 年。RRL 品牌使用的人字斜纹布和粗花呢都来自那里，需经过纺线、染色与织造三道工序才可制成。

而且，这一品牌的设计也十分独特。加拿大太平洋西北海岸科维昌人独特的编织技艺赋予了该品牌设计师们灵感。科维昌人设计的几何图案和数字图案代代相传。RRL 手工编织的厚毛衣就采用了这些图案。当然，RRL 的设计师们也从其他传统技艺中获取灵感，例如爱尔兰的阿伦群岛，据说那里的织造方式来自凯尔特人的传统技艺和渔民们编织渔网的技艺。于是，他们采用上等纱线重新织造出了复古的图案。

RRL 还用一家位于美国阿迪朗达克山脉的制革厂生产的鹿皮制作皮夹克和皮鞋。其他主打产品还有优质的斜纹棉布休闲裤以及军旅风格的产品，如棉质军用衬衫和军用夹克等。

总之，这些服饰都是面料与工艺的完美结合。其实，每个成功的品牌都有自身的内涵与风格，而这些往往经久不衰。

30 页图及本页上图：
RRL 时装店内景

下图：RRL2003 年秋
冬男装系列

奈杰尔·卡本
（Nigel Cabourn）

奈杰尔·卡本已在服装领域工作了 40 多年，但他设计的服装与大多数人对于"时装"一词的理解大有不同。他不受时尚潮流的影响，而是长久以来钟情于复古的风格、考究的面料和精致的细节。这些元素构成了他大多数作品的基调，也必将是他今后作品的重要组成部分。

30 多年来，他一直收藏复古风格的服饰，他的个人收藏超过了 4000 件，其中包括回收来的英国军装、工装，还包括从世界各个角落搜集到的勘探服装。正是这些数量不断增长的收藏品成为他服装系列的创作基石。他对潮流和普遍需求不屑一顾，他的每个服装系列都有故事，都有很强的历史感，他用超高的服装品质使这些特点巧妙地融为一体。

卡本说："当开始设计一个新的服装系列时，我总会先从一些历史事件中寻找灵感。然后，我会饶有兴趣地仔细调研那个时代人们的穿着。因此，历史上的那些事件和服饰都非常重要。如最近是纪念斯科特（Scott）到达南极 100 周年的纪念日，我就会把它作为一个服装系列的主题。"

例如，卡本的"本真"系列男装的设计灵感就来自于埃德蒙·希拉里（Edmund Hillary）1953 年登顶珠峰的大事件。2003 年恰逢这一

下图及 33 页图：奈杰尔·卡本的服装细部

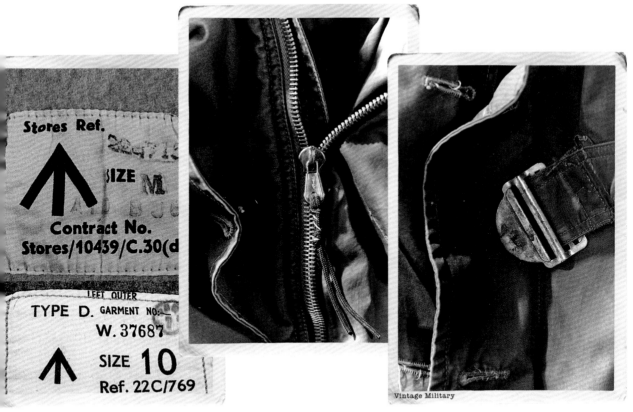

Vintage Military

事件的 50 周年纪念，于是卡本设计了这个系列的男装。当年，埃德蒙在登顶珠峰的这个伟大时刻，所穿的是在军装基础上为登上珠峰特制的服装。卡本的收藏中就有不少当时的服装，于是他开始着手重新创作，力求忠实于原型。他不折不扣地运用英国传统手工工艺，选择以前的面料，服装构件也力求还原那个年代的特征，如果找不到服装需要的构件，他就会特别定制。

卡本说："35 年来，我的收藏越来越多，但我要说的是在过去的五年中，一年我所收藏的复古风格的服饰至少是之前一年收藏数量的 6~10 倍。实际上，我每次出国的时候，总是要到当地的古董店转一转。"

奈杰尔·卡本很喜欢日本生产的布料，也一直将其运用在自己的服装系列中。他的主线男装产品系列使用的就是在英国根本找不到的日本面料和制作工艺。

卡本的"本真"系列和主线产品系列源于同一理念，但是后者在日本制作，所以最终演变得有所不同。主线产品系列采用了许多独特的日本面料、抛光技术和砂洗技术。卡本每年都要去日本四次，用自己喜爱的服装原型完成新的设计和制作。他也和一些日本最好的纺织厂合作，以他收藏的复古面料为基础开发新的服装面料。在他的主线产品中，他非常注重使用日本的配件，以使服装细部能像"本真"系列一样富有整体感，从而得到人们的关注。

要问他在诸多的藏品中最喜欢哪件，恐怕这是一个非常难回答的问题，因为他的收藏实在太多了。正如他所说的那样，"每次旅行我都要买几件古董，这是旅行中最有趣的事了。"

"假如我必须选出一件的话，那我就选冬天穿的派克大衣，就是那种英国军队在'二战'中穿的，也是探险家们穿越南极时穿的大衣。"

左图： 奈杰尔·卡本的标签

35 页图： 奈杰尔·卡本的广告，展示了珠穆朗玛峰派克大衣、哈里斯粗花呢宽翻领夹克、哈里斯粗花呢马甲及真丝蝶形领结

Everest Parka
Wide Lapel Harris Tweed Jacket
Harris Tweed Vest
Silk Bow Tie

亚历山大·麦昆
(Alexander McQueen)

李·亚历山大·麦昆（Lee Alexander McQueen）1969 年出生于伦敦，16 岁时辍学，在被誉为世界顶级西装手工缝制圣地的伦敦萨维尔裁缝街当学徒。随后，他在知名的戏剧服饰制造公司 Angel's, Berman's and Nathan's 工作。这段工作经历对他日后的服装设计产生了极为深远的影响，使得他一直坚持细腻的剪裁，并从传统中寻找灵感。

1994 年，麦昆从中央圣马丁艺术与设计学院获取了艺术系硕士学位，并在伦敦东区创立了了自己的品牌。他设计的女装因奢侈和夸张而著名，在他成功确立了在女装领域的地位之后，2005 年春天，他发布了自己的第一个男装系列。蒂姆·布兰克斯在风格网上对这个系列的评价是："……尽管他的男装的戏剧化风格让人过目不忘，但是仍然无法掩盖麦昆那独特细腻的裁剪工艺。他对男装的拿捏是靠一种简单的直觉，而这种感觉是他女装系列所缺少的。"

同年，他开始与运动品牌彪马（Puma）合作，推出了一系列特别款式的运动鞋。2006 年，McQ 男装系列发布，作为副线产品系列，价格不太昂贵，更适合年轻人消费。

2010 年 2 月，麦昆去世，该品牌由他的前设计助理莎拉·伯顿（Sarah Burton）继承设计。莎拉·伯顿也毕业于中央圣马丁艺术与设计学院，她继承了该品牌的传统风格，依然从电影、文学、艺术家、摄影师那里获取服装设计的灵感。

第 37 页图片是两套麦昆设计的 2010 年春夏男装系列。该公司的新闻发布会对这一系列的描述是，"从心理层面讲，这一系列的创作过程非常复杂，麦昆设计的不仅仅是服装，更是对自己艺术思想的表达。"

这次服装发布，麦昆采用了静态展示的方式来呈现，编剧大卫·西姆斯（David Sims）为该系列拍摄了展示短片。这些服装上到处是颜料和粉笔涂鸦，针织衫上到处是破洞，夹克上有手绘的编织图案，皱巴巴的裤子上全是手印。展示中，模特们都戴上了约瑟夫·博伊斯风格（Joseph Beuys-style）的软呢帽，以向这位艺术家致敬。

上图：克劳德·埃米尔·舒芬尼克尔（Claude-Emile Schuffenecker）在工作室里的自画像，这位艺术家身着类似于麦昆 2010 年春夏系列的彩色条纹的服装

37 页图：亚历山大·麦昆，2010 年春夏男装系列，由立体感极强的错视艺术迸发灵感而设计的服装

复古男装店铺
(The Vintage Showroom)

道格拉斯·甘恩（Douglas Gunn）和罗伊·勒基特（Roy Luckett）于 2007 年创办了复古男装店铺，里面收藏了大量的复古服装和配饰。两人对复古男装情有独钟且了解甚多，由此，这家店铺成为英国服装潮流的领导者之一。

这家店铺主要收藏 20 世纪前 50 年的服装，特别是从世界各地搜集的工装、军装、运动装以及经典英式剪裁服装和乡村服装。

他们的陈列室里还陈列了美国牛仔服和工装，还有一些标志性品牌早期的作品，如贝达弗（Belstaff）。这里还有成堆的手工编织的费尔岛毛衣以及 20 世纪 20 年代英国人划船或打板球时穿着的条纹式运动装。

对于对男装感兴趣的人来说，这家店铺绝对是一个灵感宝库。不难理解，为什么男装设计师们都热衷于到这家店铺一游，因为，对于他们而言，实在没有什么比亲手触碰这些复古服装更有价值了。他们可以直接感受到布料的重量，亲眼看到那些服装的裁剪和缝制。这种真切的感受是互联网和书籍完全无法给予的。

复古男装店铺由两部分组成，分别是位于伦敦西区的私人展览店铺和位于考文特花园的零售店铺。展览店铺里收集了大量专门采购和挑选的复古服装，但他们只接待预约参观的客户。来自世界各地的顶级品牌、设计工作室、媒体、电影广告设计师等都争相利用这一宝贵的资源。

下左图：复古男装店铺仓库中陈列的复古牛仔装

下右图：缀满纪念章的欧洲款连帽防风衣

39 页图：缀满纪念章和徽章的美国马甲

克里斯托弗·香农
（Christopher Shannon）

克里斯托弗·香农出生于英国利物浦，2008 年毕业于中央圣马丁艺术与设计学院并获得艺术系硕士学位，2010 年受到英国时装协会 NEWGEN MEN 项目的支持，设计了秋冬系列男装。

克里斯托弗·香农说："每当我开始设计一个新的服装系列时，通常都没有什么特定的起点，事实上，也没有真正的终点。我们一年到头都在工作室里工作，在没完没了的时装展之间也没有可以休息的假期，因此，通过服装想表达的东西有时会重复，有时则会被忽略。我非常喜欢摄影书籍，总是去我最喜欢的书店或书商那里看看，通过这种方式我创建了一个自己感兴趣的图库，内容有旅行摄影、滑板图片及富有英伦风情的各种图片。虽然我们要不断寻找新的造型，但我却不依赖时尚潮流启发灵感。其实，任何东西都有可能启发设计的灵感。某个时段里，我总会对某些事物特别感兴趣，通常是纪录片或者影集，我会把从中获得的感觉转移到设计中，逐渐发现我到底喜欢什么。还有，我会不断地研究服装面料，这对于设计师而言，也是最困难的事情之一。"

作为一名设计师，他认为从过去取得经验很重要，但绝不是一味地模仿。他说，"所有的调研都始于过去，因此，过去至关重要。我不是一个沿袭历史的人，与某个特定时期相比，我对某个历史瞬间或图像更感兴趣。对于依赖互联网做调研的人，时间范畴是相当有限的。因此，我认为发现别人还没有了解的东西才是关键所在。我喜欢寻找一些如今难有那样品质的旧衣服，有可能是过去的运动装或旧时装，然后进行研究。现在，大量的衣服是中国制造，这很容易让人失去对一些事情的鉴赏力。我认为重要的是回顾过去，超越重重阻碍，真正了解事物之间的关系。"

2013 年，克里斯托弗·香农的秋冬男装系列被命名为"冲动"。这个系列的灵感来自于克里斯托弗·香农"观看的许多描述了冲动的囤积者的纪录片"。他为绞花针织毛衣搭配皮革衬衫和牛仔裤的混搭风格起了个名字叫"反套装"。在这次的男装发布会上，秀台上的模特梳着油亮的头发，看上去好像几天没有洗过。他解释说，"这样的造型灵感来自于小时候和我一起上学的一个男孩，他的绰号是'意大利面条头'，因为他的头发很长。他一直在为成为一个粗野的人还是游手好闲的人而摇摆不定，而我就喜欢那种犹豫不决。"

下图：克里斯托弗·香农 2011 年秋冬男装系列，荷叶边衬衫

41 页图：克里斯托弗·香农 2011 年秋冬男装系列的设计草图

CHRISTOPHER SHANNON

AW 11 KNITWEAR REFS

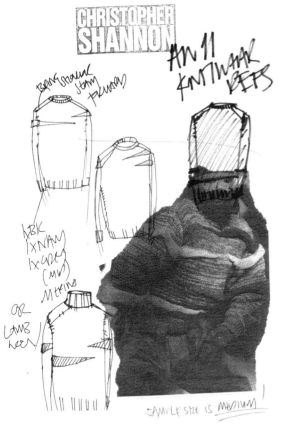

SAMPLE SIZE IS MEDIUM

CHRISTOPHER SHANNON

AW11 RUFFLE SHIRTS!

2

调研与灵感

历史调研

不少服装设计师都从过去的设计中寻找灵感。事实上，男装设计主要建立在传统的裁剪工艺、服装功能以及轮廓上，可以说历经岁月却变化甚微，观其未来，这种趋势仍会持续。目前，服装设计领域里，面料的纺织技术和服装的制作工艺发展相对比较先进，而在设计方面实质性的突破却很少。现代服装设计在裁剪和色彩方面采用了极简抽象派的方法，营造出一种简约的建筑风格。这一点可以从卡尔文·克莱恩（Calvin Klein）、吉尔·桑德（Jil Sander）、拉夫·西蒙（Raf Simons）、理查德·尼克尔（Richard Nicoll）等全球顶级设计师们的男装作品中得到印证。

现在，越来越多的主流设计师喜欢将服装设计与特定的时间和地方联系在一起，如英国的维维安·韦斯特伍德（Vivienne Westwood）、亚历山大·麦昆、约翰·加利亚诺（John Galliano），美国的马克·雅克布（Marc Jacobs）等。就连一贯以理性著称的设计师也会时不时地采用这种设计方法，像日本的川久保玲、渡边淳弥，甚至连意大利奢侈品牌普拉达（Prada）也不例外。他们往往会展示一些复古意味浓重的男装。

缪西娅·普拉达（Miuccia Prada）在 2012 年春夏男装系列中展示了风靡 20 世纪 50 年代的服装，有乡村摇滚风格的锥型裤、束腰夹克以及印有 50 年代风格印花的短袖衬衫等，它们成为这一季男士必不可少的服装，而且定会引来成千上万件的低价仿品。

同样，设计师加利亚诺的作品也往往是历史、艺术和地理元素的完美结合。他的 2008 年秋冬系列就是一个经典范例。想象一下，隆冬时节，当泰晤士河结冰的时候，河面上总是弥漫着浓重的雾气，每到此时，整个伦敦都铎王朝就开始举办宴会，大家不分彼此，王公贵族、市井小贩甚至流浪汉都混杂其中。加利亚诺正是以这一情景为设计灵感，创作出了广受好评的作品。

无独有偶，设计师维维安·韦斯特伍德也常常回顾历史寻找设计灵感。她的首个男装系列"裁剪与切口"1990 年在意大利佛罗伦萨展出，这一系列的设计灵感正是来自于英国都铎王朝时期流行的切口风格。这种风格来自于当时都铎王朝政府实行的节约法令，这一法令限制人们服饰的颜色和款式，像毛皮、针织品以及饰品等只能是有较高社会地位的人或者有职业身份的人才有资格穿戴。当时，颁布这一法令是为了减少国家在纺织品进口方面的开支，同时也是为了强化英国社会的等级差别。但事实证明，这样的法令不切实际，难以执行。人们开动脑筋，纷纷在外套或长袍上切口，让原本衬在里边的亮丽颜色通过切口显露出来，使得色彩单调的外套充满活力，也更加美观。

　　2009 年，约瑟夫·科雷（Joseph Corre）[维维安·韦斯特伍德和马尔科姆·麦克拉伦（Malcolm McLaren）的儿子] 与西蒙·巴恩斯利·阿米蒂奇（Simon 'Barnzley' Armitage）成立了他们自己的服装品牌"杰戈的孩子"（A Child of the Jago）。这是根据亚瑟·莫里森（Arthur Morrison）的同名小说《杰戈的孩子》命名的。该小说的故事发生在伦敦东区一个虚构的名为"杰戈"的贫民窟，以伦敦旧尼克尔区为原型。现在科雷和阿米蒂奇的服装店就开在那里。这个品牌的成立有一个大的历史背景：英国工业大国的地位一去不复返之后，其手工业、加工业陷入低潮，一些人开始用廉价品牟取暴利。"废物利用""价值工程""快速循环""明星产品推广"等，都成了对讲究精益求精的服装设计师的嘲弄。2010 年秋季，"杰戈的孩子"品牌服装发布会充分证明了设计师的魅力。这一系列的灵感来源丰富，有迷彩服、爱德华时期泰迪男孩夹克、20 世纪 30 年代带有民族印花的街头风格的衣服，等等。而且这一系列的服饰折中了韦斯特伍德同麦克拉伦的设计风格，如"女巫"和"水牛"系列。

　　而亚历山大·麦昆的男装设计一直秉承李·亚历山大·麦昆后期的个人风格：主要是传统的萨维尔风格的定制男装、正统的军装以及他自己的黑暗系列 [黑暗系列灵感来自于维多利亚时代的哥特式风格以及电影《刀锋战士》（1982）中对未来的展望]。

　　同样，日本设计师川久保玲和山本耀司都表示他们对 19 世纪和 20 世纪早期社会各个阶层的服装情有独钟。那个时期的工装和正装都可以激发他们设计出新颖的男装和女装。20 世纪早期德国摄影师奥古斯特·桑德（August Sander）拍摄的人物肖像尤其震撼人心，给人灵感。

　　不论是绘画作品还是摄影作品的人物肖像都是服装历史调研非常好的资源，甚至要比任何一本专业的服装历史书更有价值。

　　纽约时尚咨询网的莎伦·格劳巴德认为，历史对于男装至关重要，这是因为男装设计并不会在百年之间就发生巨大变化。因此，对于设计师而言，一切皆可利用，像爱德华时期的夹克、小圆角领、40 年代街头风格的服装、50 年代美国系列剧《广告狂人》中的西装、60 年代的嬉皮士装、70 年代的低腰裤、80 年代的朋克装、90 年代的垃圾摇滚风格的服装等，还有工装、军装、正装、运动装，所有这些对于男装设计而言都具有利用价值。

此照片拍摄于 20 世纪 20 年代，图中人物是当时英国社会名流理查德·科里（Richard Colley），他手牵四条萨卢基狗，身穿两件套上衣和法兰绒裤子，显得干净利落、温文尔雅

DAKS REGD

the famous comfort-in-action trousers

46 页图：达克斯（DAKS）品牌舒适且便于行动的男士长裤，20 世纪 50 年代的广告

上右三图：三件 20 世纪 50 年代夏威夷印花衬衫

下左三图：20 世纪 50 年代，伦敦威斯敏斯特大学瑞贝卡·尼尔森（Rebecca Neilson）的男装调研材料

收藏馆与博物馆

48页图：脱靴器、"一战"期间部队军官穿的战地皮靴、双筒望远镜和相机包

下图：德国服装品牌本哈德·威荷姆2009年春夏系列男装，整套服装展现出16世纪后期的服装风格。这与所罗门·马斯坦克（Salomon Mesdach）肖像中展示的服装风格相似。这一系列服装在摩姆时尚博物馆的"时尚与服饰中的黑色主流"系列展会中展出

书籍和网络固然是很好的服装调研资源，但最好的调研方式莫过于近距离、立体的研究，直观地了解服装的样式、材质以及制作工艺。鉴于此，收藏馆和博物馆无疑是调研服装历史的最佳选择。

大部分城市都有博物馆，尤其是一些首都的博物馆会珍藏大量服饰。世界上有许多举世闻名的博物馆，也有许多专项博物馆。伦敦的维多利亚和阿尔伯特博物馆（the Victoria and Albert Museum）藏有大量的珍贵服饰，伦敦南部的贝蒙德赛时尚与纺织博物馆（the Fashion and Textiles Museum in Bermondsey）会定期举行主题时装展；还有巴斯服装博物馆（Bath Museum of Costume）、伦敦博物馆（the Museum of London）等都非常有名。如果想要调研各种军装，那么伦敦南部的帝国战争博物馆（the Imperial War Museum）当为首选。在比利时安特卫普的摩姆时尚博物馆（Momu/Mode Museum）以其盛大精彩的展会而著称。美国纽约大都会艺术博物馆（the Metropolitan Museum of Art in New York）、华盛顿哥伦比亚特区的费城艺术博物馆（the Philadelphia Museum of Art.Washington，DC）都有极好的纺织品藏。另外，洛杉矶艺术博物馆（the Los Angeles County Museum of Art）、纽约时装学院博物馆（the Museum at FIT）及芝加哥历史博物馆（the Chicago History Museum）也都值得一去。

以上所列仅仅是众多闻名于世的博物馆中的一小部分，还有很多规模不大但非常专业的收藏馆同样值得一观。

服装设计师保罗·史密斯（Paul Smith）在一次访谈中提到："对服装设计来说，设计师可从万物中获得灵感，但要进行实质性研究，就得去参观博物馆，只要你提前计划好且有预约，多数博物馆会让你参观档案及藏品并提供详细信息。很多人往往意识不到，迸发灵感的机会就隐藏在与博物馆馆长或研究人员的交流中，或隐藏在对档案、藏品的深入研究中。"同样，理查德·格雷（Richard Gray）也建议设计师多参观可以提供原始资料的博物馆等。在他看来，设计师不仅需要视觉感受，更应从英国维多利亚和阿尔伯特博物馆、韦尔科姆收藏馆（the Wellcome Collection）、跳蚤市场甚至是二手服饰店寻找灵感。

很多著名服装品牌和设计师都建立了自己的收藏馆。奈杰尔·卡本收藏的服饰多达4000余件，意大利品牌石岛的仓库里不仅有自己品牌的服饰，还有很多实用服装供设计师参考。除了这些私人收藏馆外，还有一些商业性收藏馆，都是设计师参观、调研、获取灵感的好地方。

流行与预测

过去的观念认为时装潮流都来自于T台秀场，但现在，这一观念已发生了翻天覆地的改变。潮流既可能出自国际上享有盛誉的服装设计师之手，也可能来自街头巷尾的穿着搭配。等候在秀场之外排队的人们受到媒体关注的程度一点也不比秀场内T台上鲜艳华丽的服饰少。现如今，杂志、网络到处充斥着时尚潮流的引领者，记者以及摄影师奔走于不同的城市之间，不停地寻找和发现新的潮流和灵感。由此可见，时尚预测已成为一个颇具影响力的行业。

设计师们也经常在大街小巷中寻找灵感，全球最新的时尚潮流总能点燃他们的想象力。在这里，要提到的最先走上街头寻找灵感的服装设计师当属20世纪80年代法国的让·保罗·高缇耶（Jean Paul Gaultier），他在许多不同的设计中都运用了来源于伦敦街头的青年文化。

许多设计师和服装品牌依赖时尚预测行业来发布他们对服装风格、潮流和色彩的看法。通常，设计师们没有足够的资源和人手到处搜集服装潮流的信息并将这些信息准确、清楚地呈现出来，因此，他们往往会雇佣专业人员从事这项工作。

在时尚潮流预测这一行业中，声名远扬的当属美国的纽约时尚资讯网，该网站在纽约、伦敦、中国香港和上海等城市都设有办事机构和代表。该网站成立于2003年，网站的"创新平台"可以使专业人士的创新设计以及产品加工的过程更加快捷、高效、准确。

当然，T台秀场对服装潮流风向依旧有着非常重要的影响力。纽约时尚资讯网负责潮流风向预测的高级副总裁莎伦·格劳巴德评论说："任何容易获得的成功，其意义甚少。在秀场里，用心观察富有影响力且独具创造力的设计作品，分析设计师们在每一季推出的服装，以及他们如何搭配，非常具有启发意义。而且有的时候，往往那些起初看起来让人并不喜欢的服装总是给人以最大的灵感。认真思考并解密每一季的服装，这对于每一位设计师都具有很大的价值。"

由纽约时尚资讯网提供的潮流预测图片

街头风尚

街头风尚，顾名思义就是日常人们出门上街时的穿着打扮，它对服装设计师和记者充满吸引力，同时也是他们的灵感来源。许多时尚潮流据说都起源于街头风尚。20 世纪 70 年代后期，摄影师比尔·坎宁安（Bill Cunningham）先后为美国《女装周刊》、《时代周刊》街拍记录纽约街头普通人（其实很不普通）的穿着打扮。时至今日，他依旧从事这份工作，并将他拍摄的照片每周以幻灯片的形式发布在《时代周刊》的网站上，起名"街头"。坎宁安曾在该杂志上谈过这份工作的价值，他说："这些照片不是我所想，而是我所看。只要待在街上，你就会知道现在流行什么。"

由特里·琼斯（Terry Jones）编辑的英国 i-D 时尚杂志，1980 年第一次出版，它开创了"直观"的时装摄影风格，鼓励青年摄影师走上伦敦的街头，用照相机记录街头风尚以及多样的亚文化。街头巷尾有穿着温文尔雅的人，也有看起来野蛮的人；有学设计的学生，也有采风的记者；有平面设计师，也有从事其他创作工作的人。形形色色的人们诠释着他们自己的穿衣风格，这正是如今众多时尚博客的蓝图来源。

今天，网络上众多的时尚博客中，最受欢迎的当属瑞士的伊凡·罗迪克（Yvan Rodic）名为"捕捉"的博客。伊凡以前是从事广告设计的，于 2006 年开始写自己的博客。他拍摄的作品对象新鲜、富有活力，被称为是"全新自主式的时尚摄影风格"。他拍摄的作品对象都是街头巷尾吸引他注意力的人们，彰显着独特的街头风尚。伊凡·罗迪克的博客带来了一种新兴的网络产物，即时尚博客。

尽管今天的街头风尚依然能够表现出不同的亚文化以及不同人群的特色，但这已经不再是街头风尚唯一的构成元素。现在，它更是表现张扬的个性、抒发自我的感情和展示富有创意的穿着方式的途径。

亚历克斯·李（Alex Lee）是一名纽约的服装设计师及街头摄影师，他也写博客。他说："我希望自己每天的工作充满乐趣和源源不断的灵感，这可以帮助人们改变他们对时尚的认识，明白时尚其实具有很强的主观性。"

莎伦·格劳巴德也表达了自己对男性服饰的街头风尚的看法。她说："最近，我颇喜欢纽约街头男士的穿衣风格，尤其是市中心及布鲁克林区留有胡须的男士。但是，穿着裁剪特别的衣服、打着领结的人越来越多，说明花样美男的风格也越来越流行。上周的巴黎，天气比较暖和。当我看到年轻人非常随意地穿着裁剪考究的西装搭配短裤的时候非常吃惊。我也很欣赏阿姆斯特丹的男士，因为他们看起来总是男子气概十足，而且无意间显露出特别的时尚感。这是一种与生俱来的感觉。"

53 页上图: 亚历克斯·李拍摄的街头风尚

53 页中图: 亚历克斯·李拍摄的照片和纽约时尚资讯网提供的街头风尚照片

53 页下图: 亚历克斯·李拍摄的照片和纽约时尚资讯网提供的街头风尚照片

服装案例分析：哈灵顿夹克
（The Harrington Jacket）

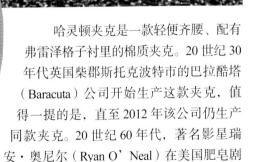

54 页图：1963 年 1 月，身穿哈灵顿夹克的演员史蒂夫·麦昆与他的妻子

上右图：1980 年，身穿哈灵顿夹克的光头党男青年

20 世纪 60 年代的光头党演变于英国的摩登族（the mods），但它更像是源自于工人阶层，穿着打扮也不像摩登族那么花哨。光头党起初并不带有政治色彩，是由一群热爱西印度群岛的瑞格舞、慢拍摇滚乐以及斯卡音乐的人创立的。后来光头党发展为不同的流派，但他们最典型的装扮就是平头、弗莱德·派瑞（Fred Perry）牌的衬衫以及能使马丁靴露出来的七分卷边裤，再加上哈灵顿夹克

下左图和中图：英国巴拉酷塔品牌经典的 G9 哈灵顿夹克

哈灵顿夹克是一款轻便齐腰、配有弗雷泽格子衬里的棉质夹克。20 世纪 30 年代英国柴郡斯托克波特市的巴拉酷塔（Baracuta）公司开始生产这款夹克，值得一提的是，直至 2012 年该公司仍生产同款夹克。20 世纪 60 年代，著名影星瑞安·奥尼尔（Ryan O'Neal）在美国肥皂剧《冷暖人间》（*Peyton Place*）中扮演罗德尼·哈灵顿（Rodney Harrington）。剧中，哈灵顿经常穿巴拉酷塔公司生产的 G9 系列夹克，后来这款夹克因此得名哈灵顿夹克。同样，明星埃尔维斯·普雷斯利（Elvis Presley）在 1958 年拍摄的电影《春光普照》（*King Creole*）中也穿着这款夹克。此外，演员史蒂夫·麦昆（Steve McQueen）也常穿着这款夹克。

20 世纪 60 年代，这款夹克深受英国光头党年轻人的喜爱，风靡全英，70 ～ 80 年代，再次引领潮流。它是许多不同亚文化中的一个典型代表，最终成为经典的服装款式。

风格

上图: 1976 年，大卫·鲍威（David Bowie）的"瘦白公爵"形象风靡世界，连迪奥（Dior）和朗万（Lanvin）这样的名牌服装也深受其影响。2013年，伦敦维多利亚和阿尔伯特博物馆举办了鲍威回顾展，全世界许多设计师前来寻找灵感。鲍威代表着一个时代的精神，对男装、女装都有着巨大的影响力

57 页左图: 迪奥，2011年巴黎春夏时装展

57 页右图: 朗万，2011年巴黎秋冬时装展

"风格"没有明确的定义，但却具有持久的影响力，是指不同人的不同事物，如一种特别的穿着方式、一张不同寻常的面孔等。有的人与生俱来就有着独特、经典、永恒的风格。著名的时尚达人总有成千上万的追随者崇拜、模仿，因此，他们也就成为了时尚潮流的定义者和引领者。

20 世纪及 21 世纪早期的大众传媒业的发展带来了今天我们熟知的名人文化。20 世纪 40 年代穿着考究的好莱坞影星加里·格兰特（Cary Grant）和弗兰克·辛纳屈（Frank Sinatra）是英国萨维尔裁缝街的常客。到了 20 世纪 50 年代，正装的主流地位逐渐被休闲装所取代。这在一方面也造就了穿着蓝色牛仔裤和短夹克的詹姆斯·迪恩（James Dean）和史蒂夫·麦昆的成功。

20 世纪 50 年代，摇滚音乐和流行音乐明星同影视明星共同成为时尚潮流的引领者。音乐界人士不断创造出的不同类型的音乐风格以及他们个人或团体表演时的着装风格不断产生了众多亚文化和风格流派。

温莎公爵
(The Duke of Windsor)

> "我生来就是时尚的引领者，裁缝师是我的经纪人，世界则是我的观众。"
>
> ——温莎公爵

温莎公爵（爱德华，1894—1972）体型虽然较小，但却拥有非常大的衣橱。据说，自从19世纪20年代的乔治四世之后，在英国皇室男性成员中，没有人像他那样在个人服饰方面花费如此巨大。

爱德华（Edward）原是英国国王爱德华八世，于1936年12月退位，原因是他不愿意与一位叫做华里丝·辛普森（Wallis Simpson）的女士断绝情人关系（辛普森是美国人，与爱德华在一起时，已两度结婚，当时还有丈夫）。作为英国国王以及国教教会的首领，这样的事情注定不会被接受。因此，爱德华不得不选择退位，由此被封为温莎公爵。

温莎公爵是世界上最懂穿着的男士之一。他的穿着方式总是受到全世界的关注与效仿。从1919～1959年期间，他一直雇佣萨维尔裁缝街的斯科雷特（Scholte）为自己量身定制上衣，并从远在纽约的哈里斯公司（Harris）定制搭配穿的裤子。温莎公爵偏爱美国式的宽松裤子，对英国产的面料、苏格兰花呢套装以及费尔岛毛衫也情有独钟。1960年温莎公爵的一份财产清单显示，他的衣橱里有15件晚礼服、55套西装、3套正装（每一套有两条可搭配的裤子），鞋子超过100双，其中包括由英国鞋类高级定制商Peal & Co生产的天鹅绒拖鞋，精美至极。

很多服装风格以及搭配风格的由来都要归功于温莎公爵。之所以这么说，是因为有的衣服是他第一个穿的，有的则是在他的影响下开始流行的。就连温莎公爵访问美国，都引起了很多资深时尚人士的关注，甚至引发了美国的服装流行趋势。他去长岛贝尔蒙特公园时戴了一顶很大的巴拿马草帽，这样的装扮使得这一装束再次流行开来。他最喜爱的温莎领带结，即在宽角领衬衫上打一个很大的对称结，成为标准的男士领带结系法。还有暗扣领，就是用布条将衣领角拉紧，以凸显领带结的衣领，也是温莎公爵的最爱。

20世纪20年代，还是威尔士王子的温莎公爵，前往费尔岛参观，当时费尔岛的经济处于低迷状态。费尔岛的毛衫色彩丰富、图案独特，享有盛誉。后来威尔士王子参观费尔岛的照片登在报纸上，其中的一幅照片上他身着费尔岛毛衫、手拿高尔夫球杆，潇洒倜傥。受此照片的影响，费尔岛当地的居民收到了大批订购他们手编毛衫的订单，而且这一风潮还远播美国及世界各地（参见第130～135页）。

下图：爱德华王子（右）"一战"期间视察英国海军部

59页图：1931年8月在巴黎勒布尔歇机场，头戴法国贝雷帽的爱德华王子

上左图、上中图及下右图： 1950 年，温莎公爵乘坐铁道邮政伊丽莎白女王号巡游

上右图： 1910 年，身着海军制服的爱德华王子

　　在美国非常流行的警卫大衣也得益于温莎公爵。同样，他在长岛牧溪俱乐部观看马球比赛时，脚穿一双棕色鹿皮皮鞋搭配细条纹法兰绒西装，再次引领了时尚潮流，使棕色鹿皮皮鞋风靡一时。

　　退位后，温莎公爵移居国外，1937 年同华里丝·辛普森结婚。之后，他经常出席法国里维埃拉的时尚盛典。后来美国流行的各种运动衫、裤子都是温莎公爵掀起流行浪潮的，包括深蓝色亚麻运动衫以及红色亚麻宽松长裤等。自始至终，他都是男装设计师的灵感来源。鉴于此，温莎公爵也成为 20 世纪全球对男性服饰最有影响力的公众人物之一。

下图：19 世纪 50 年代，
访问法国里维埃拉期
间，坐在摇椅上、手持
烟斗的温莎公爵

流行文化

一个时代的精神是由一系列的元素构成的，包括政治、经济、环境、生态、音乐等。它也可以涵盖自然灾害、社会事件、电影、电视、流行音乐以及街头风尚等。卓越的服装设计师会把握时代的脉搏，了解当下流行的文化，研究过去辉煌的历史。比利时设计师沃尔特·凡·贝兰多克曾经说过："我不断地寻求新的观点和想法。宗教、艺术、种族、音乐、历史等，所有的事物都能给予我设计的灵感。"

纽约时尚资讯网的莎伦·格劳巴德认为，电影是男装设计的一大灵感来源。每一部电影，不论是 20 世纪 20 年代的无声电影还是 70 年代的警匪片，都可以让人突发灵感，设计出优秀的服装作品。

安德鲁·格罗夫斯是伦敦威斯敏斯特大学的课程总监，主张设计师要学会利用已有的服饰。他说："一名设计师，要想成功就必须学会

62页图：在电影《客厅、卧室和洗澡》中，巴斯特·基顿（Buster Keaton）与夏洛特·格林伍德（Charlotte Greenwood）守护高尔夫球俱乐部的剧照，此电影上映于1931年，由导演爱德华·塞奇威克（Edward Sedgwick）拍摄

右图：英国男装设计师约翰·加利亚诺2011年巴黎春夏系列时装展，受巴斯特·基顿启发设计的男装成衣

从传统的服饰中学习，汲取精华，然后对其进行重塑，使其适应现代人的需求。表面上，男装经历时间长却变化不大，但事实上，它从未停止过不断变化。男装设计更需要准确把握时代的脉搏。优秀设计师的作品总是既具有时代感又具有永恒性。"

传承

传承意味着将传统的事物延续下去。在时尚界，传承指的是质量和技艺的继承。如果利用得当，它就会使人对另一个时间或地点产生怀旧的情感，进而促进销售，也可算得上是有效的营销工具。服装品牌经常利用这种传承效应，不论复古的服饰是否真的是精心加工打造的，它们共同的目标就是在目标受众和顾客中灌输这种怀旧的情感，让他们产生对某个品牌的信任感并且联想到那已流逝的岁月和美好的时光。

真正具有传承性的品牌往往有着悠久的历史和丰富的服装作品，对这些传统服饰进行研究，从中获取经验，并进行再创作才能推动品牌更好地发展。巴宝莉就是这样一个典型的例子。它在历史上曾经有过大量的优秀服装作品，现在也依然走在时尚最前沿，之所以能取得这样辉煌的成就，就是得益于它不但传承了自己品牌的传统，而且创造性地使用了现代面料、制作技术等，而最重要的是它也很好地利用了当代新媒体技术。

路易·威登的男装设计师金·琼斯也谈到，他深深地意识到，传统对服装产业的巨大影响及蕴藏的无穷价值，这些传统元素也是他在设计服装时最先想到的。

还有一些服装公司在各自的国家中享有极高声誉，为此他们颇感自豪，像英国的巴伯尔公司和美国的卡哈特（Carhartt）公司。似乎爱国主义也是一个强大的营销工具，如拉夫·劳伦的服装模特身上披着星条旗，哈克特（Hackett）的橄榄球衫上带有英国国旗的图案，而保罗·史密斯（Paul Smith）则成功利用了英国人典型肖像使其品牌更加具有英国特色，从而走向世界。

阿贝克隆比·菲奇公司经营体育用品由来已久，但作为一家专业的运动服装公司则时间较短，不过它依旧从自己所谓的漫长而丰富的传统中受益匪浅。无独有偶，杰克·威尔（Jack Wills）在英国也以"大学体育用品"的商标获得了成功。虽然它在1999年才成立，但这个商标却让我们相信它已经有了和各大名校一样悠久的历史。这两家公司都用奖杯和古董装饰他们的商店，以营造出一种运动遗产的神秘感来吸引消费者。

潮流预示着未来，但也确实是从过去而获得的。

64 页图：复古男装店铺展出的 20 世纪 20 ～ 30 年代的运动服及装备

下左图：1952 年 3 月，剑桥大学划船队舵手 J.F.K. 欣德（J.F.K.Hinde）正在查看训练用的船只

下右图：20 世纪 20 年代，上流人士理查德·科里（Richard Colley）与朋友们的合影

巴伯尔（Barbour）

巴伯尔创立于1894年的英格兰南希尔兹，创立者是苏格兰加洛韦的约翰·巴伯尔（John Barbour），最早它以苏格兰油布为原料制作服装。"一战"期间，英国海军成为这家公司的主要客户，后来渔船工人、牧羊人、警察以及潜水员等都成了这个品牌的忠实消费者。如今，这家位于英格兰东北部的南希尔兹的西蒙赛德的家族企业已经传承到了第五代。

巴伯尔以其乡村服饰而出名，它生产的经典油蜡涂层的全棉夹克，一直受到上至皇室、下至平民百姓的追捧。后来，巴伯尔不断发展，逐渐成为时尚界的流行品牌。它与保罗·史密斯、安雅·希德玛芝（Anya Hindmarch）、阿曼达·哈莱克（Amanda Harlech）、时尚名牌香奈儿（Chanel）的艺术总监卡尔·拉格菲尔德（Karl Lagerfeld）等世界顶级设计师都有合作。

作为一个家族企业，该公司一直遵循其核心设计理念，即富有乡村气息的现代风格，无论城市还是乡村都适合这种风格。巴伯尔生产的历史悠久的防水外套经过不断改良，一直受到人们的青睐，它的细部设计同以往一样，但是新的裁剪工艺和面料给传统风格增添了几分新颖。

巴伯尔的机车夹克起源于1936年，经过对传统服装面料的改良，目前在国际上越来越具有影响力。2013年，巴伯尔引入了史蒂夫·麦昆的服装系列，史蒂夫·麦昆是时尚界最具影响力的人物之一，同时也是巴伯尔机车夹克的忠实顾客。

上图：巴伯尔经典的带有方格衬里的油蜡涂层的全棉夹克

67页图：巴伯尔乡村风格的夹克

C.P. 公司 / 艾托·斯洛普
（Aitor Throup）

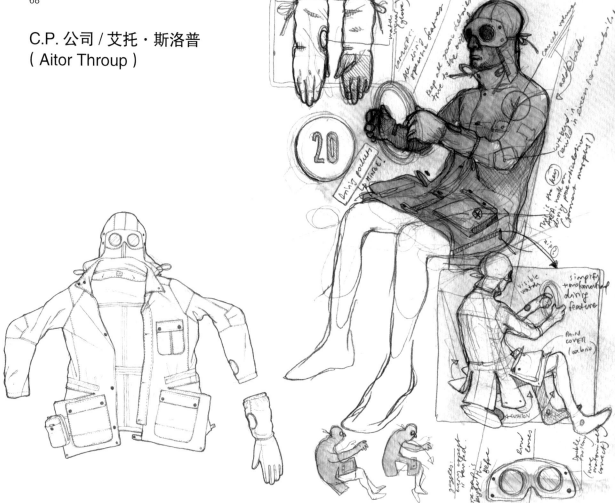

艾托·斯洛普重新设计
汽车比赛护目镜防风夹
克时画的草稿

护目镜防风夹克原本是设计师马西莫·奥斯提（Massimo Osti）于 1988 年为意大利"一千英里汽车拉力赛"专门设计的，后来成为 C.P. 公司的主打男装款式。马西莫·奥斯提、莫雷诺·法拉利（Moreno Ferrari）和亚历桑德罗（Alessandro Pungetti）利用 C.P. 公司研究室开发出的新面料及面料处理工艺对这款夹克进行了不断改良和重新设计，使其趋于完善。

为庆祝护目镜防风夹克面世 20 周年，C.P. 公司邀请毕业于英国皇家艺术学院的艾托·斯洛普对其进行了再次改良。

在 C.P. 公司的网站上，艾托·斯洛普阐述了他改良这款夹克的设计理念，他说："对护目镜防风夹克的喜爱促使我成为一名真正的设计师。在我的故乡伯恩利，这款夹克就是一种社会地位的象征。这款夹克为我打开了设计的大门，从那以后我越来越痴迷于 C.P. 公司、石岛，当然还有马西莫·奥斯提的作品。正是这款夹克使我学会了设计，我不断尝试新的方法，想要把精致与完整融合在一起以达到设计的最高境界。"

最初的护目镜防风夹克非常注重服装的功能性。设计在夹克兜帽前面的护目镜和左袖上专门为手表设计的塑料"窗口"，都是该款夹克的招牌设计。

斯洛普说："我的设计理念是想让奥斯提的这款经典夹克回归到汽车比赛中。"他在设计这款夹克时，采用真人模型，并让赛车手坐在车座上，这样设计出的袖子就是向前弯曲的。这款夹克的下摆也可以随着赛车手的站姿或坐姿的变化而灵活摆动，这样，当赛车手坐着时，就能有效减少衣服隆起的褶皱带来的不便，而夹克下摆也可以更好地保护赛车手的腿部。兜帽部位也进行了彻底调整，就算赛车手头盔的绷带松开，兜帽还是可以固定在头盔上。手套的设计也更加适合赛车手紧握方向盘，独立的小口袋可以用来装相机和手机，以方便开车时拿取。

这款夹克采用戈尔特斯生产的带有防水薄膜的三层面料，在每个接缝处都留有散热口，并且采用专有技术从不同颜色的土壤中提取自然颜料为该夹克手工上色，所以每一件护目镜防风夹克都是独一无二的。

中图：身穿护目镜防风夹克的赛车手的站姿、坐姿照片

下图：护目镜防风夹克及构成部件

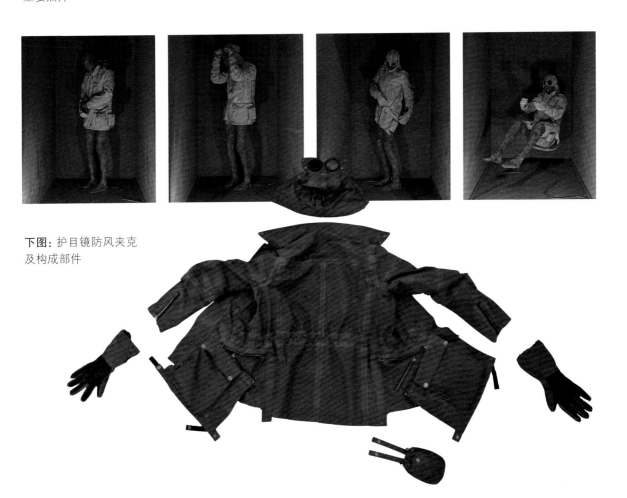

贝达弗（Belstaff）

1924 年，艾利·贝尔沃奇（Eli Belovitch）和女婿哈里·格罗斯伯格（Harry Grosberg）在英国斯塔福德郡的朗顿成立了贝达弗公司，主要经营机车服装。起初，公司主要为摩托车手制作适应各种天气的夹克，它也是第一家采用油蜡涂层棉布作为服装面料的公司。后来，公司经营的产品日益多元化，并开发出适合其他用途的全天候防护夹克、护目镜（主要是为发展前景良好的航天业制作）、手套以及一些兼具保暖、防水功能的服装及配件。

贝达弗最负盛名的服装产品当属特技摩托机车夹克（Trialmaster Jacket）。该夹克 1948 年一出厂就立刻成为机车爱好者的宠儿。20 世纪 50 年代早期，摩托车手埃内斯托·切·格瓦拉（Ernesto 'Che' Guevara）在横穿南美洲的壮举中穿的就是这款夹克。南美洲气候多变，这款夹克为他的安全提供了保护。

现在，贝达弗这款标志性的夹克引发了一系列新品夹克的出现，每一件都具备独一无二的特点，这就是人们熟知的"传奇"系列。其设计自始至终从摩托车手的角度考虑，每一件都经久耐用，而这也正是特技摩托机车夹克的精髓所在。2011 年拉贝勒克斯（Labelux）集团成功收购贝达弗，凭借这些经典款式的服装，贝达弗终于跻身国际时尚舞台。贝达弗每年两次参加米兰时装周，并将品牌定位于奢侈品行列。目前马丁·库伯（Martin Cooper）是贝达弗的首席创意总监。值得一提的是，马丁之前为世界名牌巴宝莉工作长达 16 年。

2012 年，库伯在接受 *W* 杂志苏珊娜·弗兰克尔（Susannah Frankel）采访时表明："来到贝达弗，我想实现对这一经典服装的新想法。目前，橡胶风雨衣将聚氯乙烯和氯丁橡胶结合使用，已是绿色环保服装，接下来，特技摩托机车夹克会采用较为奢侈的鳄鱼皮、蟒皮等制作。"

下图：贝达弗广告，展示其经典产品

71 页左图：复古男装店铺里的贝达弗特技摩托机车夹克

71 页右图：贝达弗 2013 年秋冬男装系列，特技摩托机车夹克改良款

全球视野

几乎全世界所有的文化中都有民族传统服饰。民族传统服饰一般是宗教、社会地位的象征，往往在特殊场合才穿着。

目前，世界上仍然有些地方通过法律的形式要求人们穿着传统服饰，其中之一就是不丹王国。前面曾提到，路易·威登的金·琼斯为设计 2013 年秋冬季服装就来到不丹寻找灵感。不丹王国的法律规定，政府工作人员必须穿着民族服饰，其他不丹公民去学校或者政府办公室的时候也必须穿着民族服饰。很多不丹人出席正式场合的时候都会选择穿着民族服饰。

不丹的纺织品图案主要以几何图形为主，这源自于该国神圣的信仰和图腾。金·琼斯就是从不丹王国的民族服饰中找到了自己的设计灵感，最终设计出了以格纹图案为主的粗呢风帽大衣和斗篷。

来自巴黎的时装设计师达米尔·多马（Damir Doma）和约翰·加利亚诺都成功地将文化要素融入到他们的设计中。风格网评论多马是一位可以汲取非洲、斯拉夫以及亚洲服饰精华的设计师，他把他对服装的感受传递到世界的各个角落。2012 年秋冬季服装展上，多马将扎染工艺成功地与飘逸的长裙、和服以及潇洒的皮毛背心完美地结合到

一起。

比利时设计师德赖斯·凡·诺顿（Dries Van Noten）非常善于运用各种材质的面料。扎染布料和许多富于文化和地方特色的传统织物给了他灵感，他巧妙地将精美的锦缎同蕾丝混合使用，将亚洲及非洲的文化元素融入印花和编织中。

基于传统服饰的男装设计不仅是以鲜艳的印花及民族图案为特点，也可以像日本和服背后的锦结或者泰国渔民的裤子那样，凸显其设计的精巧与完美。

灵感有很多种形式，关键是设计师怎样在这个巨大的熔炉里挑选自己所需要的东西，并最终形成自己独特的风格。

72 页左图： 日本设计师山本耀司 2011 年秋冬男装系列，突出其受 19 世纪服装影响的裁剪特色

72 页右图： 1873 年，身着不对称紧身夹克的托马斯·豪伊（Thomas Howey）

下左图： 冬季迁徙的蒙古人

下右图： 约翰·加利亚诺 2011 年秋冬男装系列

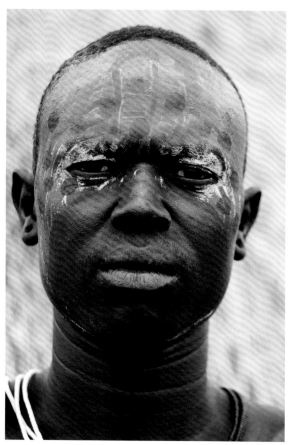

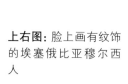

上右图: 脸上画有纹饰的埃塞俄比亚穆尔西人

下左图:"杰戈的孩子" 2013 年春夏系列

75 页图: 沃尔特·凡·贝兰多克 2011 年秋冬系列

案例分析：凯尔文·郭（Kelvin Kwok，伦敦中央圣马丁艺术与设计学院）

凯尔文·郭 2013 年本科毕业作品的设计灵感来自于成千上万个被扔掉的咖啡袋，本页与下页图片展示了他所使用的调研资料

凯尔文·郭给我们讲述了他的创作理念：

咖啡以其浓郁的芳香成为世界销售量最大的饮品之一。有研究表明，大约公元 850 年，咖啡种植起源于非洲埃塞俄比亚，后来在航海发展和葡萄牙、西班牙发现新大陆的背景下，16～17 世纪，欧洲人将咖啡种植传播到了加勒比海和南美洲。人们发现，这些地区尤其是赤道附近的拉丁美洲，土地和气候不仅适宜种植咖啡，还可以培育出品质更好的新型咖啡豆。这使得咖啡成为巴西、墨西哥、秘鲁等发展中国家重要的经济作物和出口产品。目前，拉丁美洲咖啡的出口量几乎占到全世界咖啡出口量的 45%。

根据 2012 年 4 月国际咖啡出口组织（the International Coffee Organization）发布的"出口国总产量"报告，仅巴西一个国家在 2010 年出口的咖啡总量为 48095000 袋。这么多的咖啡消耗量固然会造成大量的咖啡袋垃圾。我大学最后一年的时光就是致力于利用时尚设计将这些垃圾改造为有用之物。

受到这一灵感的启发，我选择南美洲几个国家作为我设计调研和发展思路的主要目的地。这些国家与我的家乡——中国香港有着相似的历史背景，虽然都经历了相当长的外来统治但也各自保留着当地的文化特色。我的设计调研主要集中于三个方面：外来影响、当地文化特色及现代发展。我想要将这三个元素糅合在一起，融汇到我对现代男装的理解之中。我希望将"复古与现代""本土与外来"这些概念融会贯通，以产生新的理解，设计出有特色的作品。

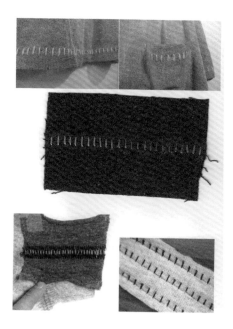

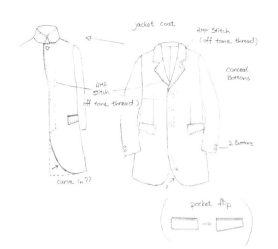

jacket coat

AMF Stitch
(off tone thread)

Conceal
Buttons

AMF
Stitch
(off tone thread)

2 Buttons

curve in ??

pocket flip

CAFÉS DO BRASIL

Enjoy
Café de Colombia

DOMA
SHEEP
SUMALI

EL SALVADOR
CLEAN COFFEE
PRODUCTO DE
PRODUCT OF GUATEMALA
TANZANIA

ROYAL
SELECTED

MEXICO
PLUMA

Specially Prepared for:
UNION
HAND-ROASTED COFFEE

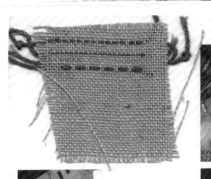

ROYAL

Iron seam flat
& stitch down
each side

stripes

正装

　　一直以来，正装都遵循着一套严格且变化甚微的规范。在正式场合中，黑色领结是男士着装的黄金标准，再搭配上装饰缎面的小尖领或青果领的黑色羊毛外套和有侧缝条且不翻边的裤子。燕子领一般搭配更正式的白色领结，而黑色领结与普通翻领的搭配则比较完美。

　　20世纪男士正装经历的最大变化是威尔士亲王（即后来的温莎公爵，参见第58-61页）引发的白色凹凸细纹布马甲搭配黑色晚礼服的潮流。1919年以前，无论在英国还是美国，都没有这种着装搭配。但是，当威尔士亲王换上白色马甲后，很多人便追随其后，包括西班牙国王阿方索十三世（King Alfonso XIII）和经常游览伦敦且穿着讲究的美国人，如社会名流安东尼·约瑟夫·德雷克塞尔·比德尔（Anthony Joseph Drexel Biddle）和金融家威廉姆·戈德比·洛（William Goadby Loew）。这种风格传至美国后流行了很长时间，直到20世纪20年代中晚期，都很少看见着装讲究的男士穿着黑色马甲。

　　生活中的各种场合都有着装规范，包括婚礼、葬礼、赛马会、授职仪式或军队阅兵仪式等。这些规范指导着人们的着装，如什么颜

伦敦威斯敏斯特大学，杰欧依扎·费雷拉斯·甘地阿嘎（Goioiza Ferreras Gandiaga）的正装设计灵感情绪板

TOMMY NUTTER

18/19 SAVILE ROW, LONDON, W1X 2EB. TEL: 01.734.0831 TELEX: 22454.

GUIDE TO CORRECT FORMAL WEAR

Herewith a summary of correct wear for certain formal occasions, (extra copies available if required). Always remember that morning dress is not a uniform. For example, we have specified Grey Vests for certain occasions, but there is no rule to colour or pattern.

At any of these occasions, it is perfectly correct to wear a black waistcoat and black silk hat, but grey hats are worn at weddings, almost without exception.

ASCOT:
                Grey Top Hat
                Black Morning Coat, Grey Vest (light striped trousers
                                                of sponge Bags)

          OR Grey Morning Suit
                Grey or Chamois Gloves

Note: (A man would not be refused entry to the Royal Enclosure if he were
        wearing a lounge suit, but it continues to be accepted practice to
        wear Morning Dress).

THE DERBY: Same as for Ascot

INVESTITURE: Black Top Hat (but Grey may be worn as a very last resort)
                Black Vest
                Grey Gloves
                Black Morning Coat and dark striped trousers
                No carnation or decorations to be worn

GARDEN PARTY (BUCKINGHAM PALACE)
                Grey Top Hat
                Black Morning Coat
                Grey Vest
                Striped Trousers
                Grey or Chamois Gloves

Note: (A guest would not be refused entry to the Palace if he were not
        wearing a lounge suit, but it is accepted practice to wear Morning
        Dress).

TROOPING THE COLOUR:
                Grey Top Hat
                Black Morning Coat
                Grey Vest

WEDDING: Black Morning Coat, Grey Vest, Light striped trousers
                                                or checks,

DIRECTORS: T.A.NU
Fabricwood Ltd. Registered Offi

-2-

                Grey Gloves
                Grey Top Hat
                Grey Tie

FUNERAL:
                Black Morning Coat (or Black Jacket)
                Black Vest
                Dark Striped Trousers
                Silk Hat (with Morning Coat)

Note: (A neatly rolled umbrella may be carried, even when weather is
        fine).

TAILOR & CUTTER
PRICE 6D.
INCORPORATING DURING THE WAR "WOMEN'S WEAR"
THE AUTHORITY ON STYLE & CLOTHES

Vol. 80   No. 4106   JUNE 29, 1945

FORMAL DRESS WEAR

This is the outline of the modern dress coat with wide and short revers. The waist seam conforms to the natural line which provides a recognised high run to the base of the forepart.

Bone buttons, the usual dress overside, run in harmony with the edge of the forepart. Braid pocket runs to the horizontal, an essential feature with the straight front line at top of skirt. The tails are semi-rounded.

The D.B. waistcoat in white, as a distinctive front finish.

DINNER JACKET SUIT

The jacket portrays the modern trend in shoulder formation — widish, high and slightly styled at the sleeve bands. The front is a narrow one which appears to be more popular than the link.

A long shank to the bottom to allow freedom, in the soft rolling lapels. The collar, faced as usual, are moderately wide. Sleeves are narrow at the cuff and carried in length to display the shirt. Small pockets at the hips and the usual outside repeat complete the jacket details.

Waistcoat and tie in black.

上图：20 世纪 80 年代，汤米·纳特（Tommy Nutter）给予消费者的正装穿着指导

下左图：1945 年，以正装为主题的 *Tailor & Cutter* 杂志的封面

下右图：1952 年，*Tailor & Cutter* 杂志中的正装插图

色的裤子适合搭配什么颜色的上衣，当然，帽子、鞋子和马甲也不容含糊。

　　GQ 杂志的编辑迪伦·琼斯（Dylan Jones）说："设计师们总想在正装设计上有所创新，这当然是他们的权利。然而，对于正装来说，最重要的是把它看作是一种制服，不能马马虎虎、乱七八糟。"

　　当问及他对那些着装讲究的男士穿着正装的建议时，他的回答很简单："不要乱尝试。"

萨维尔裁缝街
（Savile Row）

在英国伦敦梅费尔区居住的多是与英国军队有关联的富人，被这些潜在客户所吸引，自 19 世纪早期，裁缝店就在这一区的萨维尔街一家一家地开设起来。据说，"bespoke"（定制）这个术语就起源于此。纵观萨维尔街的发展历史，你就能发现它的辉煌，这里的顾客有国王，也有电影明星，它闻名世界，被誉为男装裁剪的精神之源。

1865 年，世界上第一件晚礼服诞生于萨维尔街，它是亨利·普尔（Henry Poole）为威尔士亲王（后来的爱德华七世 King Edward VII）设计的。1866 年，英国传奇探险家大卫·利文斯通（David Livingstone）身穿萨维尔街吉凡公司（Gieves，吉凡克斯的前身之一）的服装开始了他寻找尼罗河源头的征程。1869 年，记者莫莱森·斯坦利（H.M.Stanley）身着亨利·普尔设计的服装被派去寻找利文斯通。

20 世纪 20 年代，萨维尔街的安德森谢帕德（Anderson & Sheppard）男装店专为鲁道夫·瓦伦蒂诺（Rudolph Valentino）和诺埃尔·科沃德（Noël Coward）量身定制衣服，还为演员玛琳·黛德丽（Marlene Dietrich）定制长裤套装。时至今日，查尔斯王子（Prince Charles）依然常常光顾这家服装店。

如同大卫·尼文（David Niven）和法兰克·辛纳屈一样，好莱坞电影大亨路易·梅耶（Louis B. Mayer）也选择萨维尔街的 Kilgour French & Stanbury 定制服装。1959 年，该店为大导演阿尔弗雷德·希区柯克（Alfred Hitchcock）的电影《谍影疑云》设计了加里·格兰特（Cary Grant）的西装。1969 年，又在电影《偷天换日》中为演员迈克尔·凯恩（Michael Caine）设

伦敦威斯敏斯特大学，杰克·拜恩（Jack Byne）受萨维尔裁缝街启发的服装设计灵感情绪板

伦敦威斯敏斯特大学，亚赛明·卡尔金（Yasemin Calki）受萨维尔裁缝街启发的服装设计灵感情绪板

计了1960年代风格的服装。2003年，该店正式改名为基尔戈（Kilgour），任命卡洛·布兰德利（Carlo Brandelli）为创意总监以发展成衣业务。

1969年，汤米·纳特在萨维尔街开设了一家名为"纳特"的裁缝店，悄然开启一场服装界的革命。与其他裁缝店不同，纳特裁缝店的橱窗朝向大街，并迎来了一位摇滚明星客户。跟随纳特裁缝店的脚步，几家新店也相继开设在萨维尔街，并以时髦的裁剪、新型的面料及特别的风格给萨维尔街带来更年轻、时尚的顾客，其中有1992年的理查德·詹姆斯（Richard James），1994年的奥斯华·宝顿（Ozwald Boateng）。2005年，著名企业家帕特里克·格兰特（Patrick Grant）获得萨维尔街Norton & Son裁缝店的经营权，开始了服装事业。

2007年，意大利著名的佛罗伦萨（Pitti Immagine Uomo）男装展（即意大利公司Pitti Immagine主办的男装博览会）专门为萨维尔街的定制服装举办了首次专场展出，名为"伦敦裁剪"。展会持续了一个月，馆长詹姆斯·舍伍德（James Sherwood）还写了一本关于此展会的书籍。后来，法国高级时装协会邀请萨维尔街参加7月时装周期间，在巴黎的英国大使馆展出"伦敦裁剪"作品。

在2013年1月的伦敦男装周上，萨维尔街的裁缝店共同在斯宾塞大厅举办了名为"英国绅士"的展览，进一步巩固了它在时尚界的地位，展示了英国男装设计师的才能。

当时，身为GQ杂志编辑和伦敦男装周主席的迪伦·琼斯评论道："我认为，如今英国拥有众多服装裁剪的天才，包括传统的萨维尔街设计师以及认真继承了英国裁剪技艺的新一代设计师。伦敦是男装的天堂，这一点从来没有比现在更明显过。"

案例分析：劳伦斯·布伦特（Laurens Brunt，阿姆斯特丹时装学院）

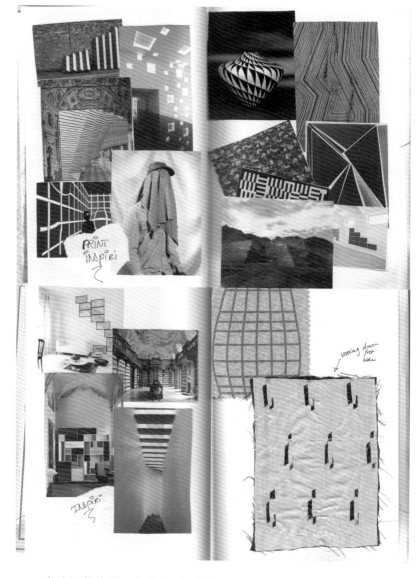

阿姆斯特丹时装学院的劳伦斯·布伦特在设计他的毕业作品时，从印花和印刷工艺中获得灵感，这些都是他草稿本中的调研材料

在访问劳伦斯·布伦特时，他阐述了对服装设计的观点：

"这些图片是我当年为设计毕业作品收集的素材，重点是印花。保罗·史密斯品牌以传统的男装或正装为经典，我假想为这个品牌设计一个男装系列，借此尝试将新的印花方式和图案运用在传统男装或正装上，我称之为：有些扭曲的经典男装。"

他还说："在某种程度上，我们人类在还没有完全意识到的情况下就已经接受了数字时代带给我们的种种虚幻，如通过网络电话软件Skype聊天，双方就不必非得面对面。还有，我对现代艺术进行了深入调研，发现许多艺术家都在采用视错觉的手段。这些现代信息给了我服装设计的灵感。"

"我还对印花工艺进行了大量调研，如用棉束蘸墨水在现成的条纹西装面料上再印上条纹。我在各种布料上使用各种尺寸的数字印花，试验出各种图案花样，并选用它们作为晚装的面料。"

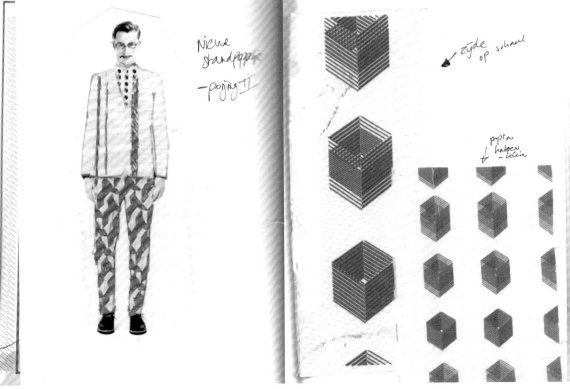

服装案例分析：
条纹西装

上图：20 世纪 20 年代 "条纹运动西装" 和 "适合运动戴的帽子和徽章帽" 的广告

下图：身穿条纹西装、亚麻裤的正在露营的英国绅士们

85 页图：（从左按顺时针方向）2010 年德赖斯·凡·诺顿秋冬时装系列；身穿条纹西装的板球玩家；复古男装店铺里展示的 20 世纪 20 年代的运动西装

STRIPED BLAZERS

Club striped Tennis and Cricket Blazers. These are always available in a wide range of colours and various width stripes. Practically any particular combination can be secured at short notice.

READY-FOR-SERVICE

In all fittings ... **29/6**

CAPS AND BADGES FOR ALL SPORTS

A. E. Stoddart

Photo by
R.W. Tho
41 Chea

Hodson & Kearns,
London, S.E.

K.C.C.C.
1902

吉凡克斯
（Gieves & Hawkes）

当想到吉凡裁缝店（Gieves）为尼尔森勋爵（Lord Nelson）裁剪服装，霍克斯裁缝店（Hawkes）为惠灵顿公爵（Duke of Wellington）制作服装时，我们就会感受到军装裁缝店吉凡克斯有令人难以置信的发展史。

1835 年，詹姆斯·杰夫（James Gieve）在麦基世德·梅雷迪斯（Melchisedek Meredith）的指导下开始成为一名裁缝。当时，梅雷迪斯在朴茨茅斯（Portsmouth）经营一家裁缝店。海军上将尼尔森勋爵在特拉法加战役（the Battle of Trafalgar）中殉职时所穿军装就是梅雷迪斯制作的。1841 年，梅雷迪斯逝世后，詹姆斯·高尔特（James Galt）接手裁缝店，并于 1852 年与詹姆斯·杰夫联手。1887 年，杰夫买下了高尔特的全部资产，成立了吉凡公司。但好景不长，他于第二年（1888 年）就逝世了。他的两个儿子，詹姆斯·W. 杰夫（James W.Gieve）和约翰·杰夫（John Gieve）继承了他的事业。1900 年，英国控制了世界一半以上的海上运输，吉凡公司被任命为英国皇家海军专用裁缝店。当时，皇家海军学院的每一名学员都穿着吉凡公司生产的军装。1911 年，该公司获得了乔治五世（King George V）授予的英国王室供货商的殊荣。

第二次世界大战期间，吉凡公司专门为穿越敌人防线的英国特工生产可隐藏地图、金属丝、自杀药品的纽扣。在 1953 年伊丽莎白女王加冕礼纪念庆典上，人们非常关注女王的庆典礼服，吉凡公司为女王设计了一件独特的披风，时至今日，英国菲利普亲王（Prince Philip）仍穿着这一款式的披风。

霍克斯裁缝店的发展历史同样不凡。1771 年，托马斯·霍克斯（Thomas Hawkes）是伦敦索霍区（London's Soho）一家天鹅绒帽子制造商的学徒，但是很快就自己做起了生意，开始了裁缝生涯。1809 年，他接到为国王乔治三世（King George III）和夏洛特王妃（Queen Charlotte）制作服装的任务。他去世后，公司的生意一如既往。1837 年，惠灵顿公爵在这家裁缝店为自己及所辖军团定制军装。1840 年，刚刚迎娶了维多利亚女王（Queen Victoria）的阿尔伯特亲王（Prince Albert）在这里为其第十一轻骑兵团定制了军帽。此后，霍克斯公司获得了为阿尔伯特亲王和维多利亚女王定制服装的殊荣。

1912 年，霍克斯公司买下了萨维尔街 1 号。至 20 世纪 20 年代，成衣消费需求逐渐增多。霍克斯公司成为萨维尔街上最早销售"成衣服装"的公司之一，以维持定制服装需求下降之后公司的运营。

1974 年，吉凡公司和霍克斯公司合并为吉凡克斯服装公司，位于声名显赫的萨维尔街 1 号。如今，该公司已成为极具影响力的知名服装公司，为顾客提供质量上乘的传统男装和现代男装。在其萨维尔街店铺的一楼走廊里，可以看见一些关于这家公司发展历史的资料，有以前的订单、图片和文件等。时至今日，该公司依然能从这些资源中获益。

上图：19 世纪吉凡公司为达德利伯爵（the Earl of Dudley）的马车夫设计的制服

87 页图：2013 年在斯宾塞大厅举办的吉凡克斯时装周上的图片

汤米·纳特
（Tommy Nutter）

FTM
Fashion
and Textile
Museum

Thursday 19th May 2011 6.30–8.30pm

The FTM is delighted that Cilla Black OBE,
one of the co-founders of Nutters, has
agreed to officially open the exhibition.

RSVP by 13th May 2011 to tnutter@newham.ac.uk
Non-transferable / Admits one

83 Bermondsey Street, London SE1 3XF
London Bridge / 020 7407 8664 / ftmlondon.org

Photograph by David Nutter

TOMMY NUTTER | REBEL ON THE ROW

时尚和纺织博物馆关于纳特服装公司服装展示会的通知——汤米·纳特，萨维尔街的反叛者

　　汤米·纳特出生于 1943 年。20 世纪 60 年代早期，他在伦敦著名的裁剪学院学习，后来在唐纳森、威廉姆森和沃德（Donaldson, Williamson & Ward）的裁缝店工作了几年。1969 年，他和爱德华·塞克斯顿（Edward Sexton）在萨维尔街开设了第一家纳特裁缝店，把时尚带到了萨维尔街，给萨维尔街带来了一群与众不同的新顾客——摇滚和流行音乐歌手。他一改传统，把店铺原来幽暗封闭的前脸打开，让街上的人们能看到店里的情况。萨维尔街从来没有过这样的情景，传统的英国男装的堡垒被动摇了。

　　彼得·布朗（Peter Brown）是总部设在萨维尔街的披头士乐队苹果公司（The Beatles' Apple Corps）的执行负责人，也是纳特的赞助

者之一。自然，披头士乐队成了纳特裁缝店的常客，同时还有滚石乐队（The Rolling Stones）的米克·贾格尔（Mick Jagger）。1971年，米克·贾格尔与碧安卡·贾格尔（Bianca Jagger）结婚时穿的就是纳特裁缝店为他定制的白色西装。

在结束了与塞克斯顿的合作之后，纳特成立了奥斯汀·里德服装公司（Austin Reed），成功地开展了远东地区的贸易。1983年，纳特再一次回到萨维尔街，在萨维尔街19号开设了一家成衣服装店——汤米·纳特。这个超大的临街店铺极有特色，既有怀旧的古董服装也有现代的经典设计。经常光顾这家店铺的顾客多是富人、名人和眼光独特的顾客，其中包括鞋子设计师莫罗·伯拉尼克（Manolo Blahnik）和音乐家艾尔顿·约翰（Elton John）（纳特为他设计了许多著名的舞台服装）。约翰·加利亚诺大学期间曾在汤米·纳特成衣店实习过一段时间，他设计的风格独特的橱窗展示给纳特店铺吸引了不少客户。蒂莫西·埃佛莱斯特是当今伦敦服装界最闪耀的明星设计师之一，他也曾在萨维尔街19号锻炼学习。

2011年在伦敦时尚和纺织博物馆的展会上，纳特确立了他在男装设计领域中的地位，从汤姆·福特（Tom Ford）到维维安·韦斯特伍德，几乎每个人都受到他的影响。纳特开启了服装设计的一个新时代——他将20世纪40年代的宽肩设计巧妙地融入到现代男装中，表现出了喧嚣的20世纪给人们的生活带来的冲击，极具有"纳特"特色。

2011年伦敦时尚和纺织博物馆展会上汤米·纳特服装公司的展品

蒂莫西·埃佛莱斯特
（Timothy Everest）

蒂莫西·埃佛莱斯特出生于英国的威尔士。20 世纪 80 年代末，他曾在汤米·纳特的成衣店工作，在萨维尔街开启了自己的职业生涯。之后，他在斯皮塔佛德（Spitalfields）找到了一处乔治国王时期的房子，那里曾是胡格诺教派（Huguenot）丝织工居住的地方，就这样他在伦敦东区开始了自己的事业。埃佛莱斯特非常注重服装的品质，对萨维尔街那种让人透不过气的沉闷风格非常反感，于是他开始为一群新的顾客量体裁衣，主要是艺术商人和财经人士。

埃佛莱斯特认为这群顾客对服装的要求已超出了高级时装的规则，要求服装既具有现代感，又让人看起来充满活力、不太拘谨。他说："他们对服装行业的推动，就如同我们对他们的推动一样。"

埃佛莱斯特的事业不仅仅局限在高级定制男装上，还涉足其他款式的服装，包括水手双排扣外套、机车夹克等，并将定制服装的技术应用到一些非正式的服装制作中。

他除了主营业务外，2000 ～ 2003 年，埃佛莱斯特还与达克斯（DAKS）合作，担当该品牌的创意总监，负责这家老牌英国公司全球范围内的重组工作。在过去的 10 年里，他担任过玛莎百货集团（Marks & Spencer）的创意顾问，监督设计师定制奢侈品部门的服装经营。他现在还担任男性奢侈品权威杂志（The Rake）的创意投稿人和时尚权威。

2013 年，埃佛莱斯特与英国著名时装公司 Superdry 合作，设计了一系列独特的英式西装，称之为 Sebiro（日语中"西装"的意思）。这个系列主要采用了更显年轻的修身裁剪设计和上乘的面料，既是一个独立的系列，又能与 Superdry 公司现有的休闲服装相匹配、融合。在设计时，埃佛莱斯特主要参考了四种人的着装风格特点——超级间谍、银行抢劫犯、旧金山人和国家反叛者——每种人都有自己典型的风格特征。

上图： 蒂莫西·埃佛莱斯特

右图： 位于伦敦斯皮塔佛德的蒂莫西·埃佛莱斯特服装公司工作室，设计师正在裁剪一块黄色麦尔登呢作为领里

上图：软领夹克，单排三粒纽扣，衣领可翻起，领里面料是质量上乘的麦尔登呢，有红色插花线襻，福克斯兄弟服装公司（Fox Brother & Co.）王阳子（Yangzi Wang）设计

右图：蒂莫西·埃佛莱斯特定制的休闲软领单排扣上衣，其特点：面料选用 W. Bill 品牌精纺的带有珠宝感装饰斑点的羊毛面料、对比效果明显的过肩、能延伸的肘部补丁、标签袖口、防风领、明贴袋、内缝半衬里

军装

军装无疑是男装设计领域中最值得调研的一类。可以说，它有男装设计需要的一切元素。它注重功能性，体现内在的男子气概，讲究细部、色彩和结实的制作工艺，更不用提它款式的多样性。几个世纪以来，由于军装的辨识度高、功能强大、效果理想，越来越受到人们的喜爱，逐渐发展为成熟的男装款式。

尽管不同的军队对军装装备持有不同的态度，但曾入伍当过兵的军事人类学家查尔斯·柯克（Charles Kirke）博士写道："军人气概是一种令人信服的气质；除了裁剪合体、穿着得当的军装和其他装备配件都是体现一个军人气质的必需品，这已经远远超越了服装本身的功能。我们经常能够看到在作战裤的前片上故意设计出'褶皱'，好让裤子看上去更有'被挤压过'的感觉；还有在欧洲寒冷的冬天，也能看见人们围着用浅色薄棉迷彩布制成的围巾，让人产生一种有过丛林体验的感觉。"

下图：1942 年，身着军装的美国士兵，周围是他的军装配件

93 页上图："一战"期间身穿陆军军装和海军军装的两位士兵

93 页下图：伦敦威斯敏斯特大学克里斯多夫·帕克（Christopher Pak）受军装启发的设计灵感情绪板

US Army M 1942
Paratrooper Jump Jacket

darkly soled knife pocket

1918 Henry poole military Jacket.

　　从配有实用性口袋、精妙细部设计和徽章的结实耐穿的作战服，到迷彩服和更为精神的仪式军礼服，所有这些制服中蕴含的军队要素总会让设计师们产生无限的灵感。

　　许多男装的设计风格都基于军装制服，这已经成为了主流时尚。许多知名设计师和品牌对军装也情有独钟，在原型的基础上不断改进，创造出许多经典款式，如石岛的作战夹克、巴宝莉的战壕风衣和拉夫·西蒙（Raf Simons）的派克大衣。

作战服

主图： 设计师渡边淳弥 2006 年秋冬男装系列，受到军装的启发，他大胆改良了派克大衣和空军飞行员（MA1）夹克

上图： "二战"期间美国新奥尔良海军中士

下右图： 1936 年，耶路撒冷，身着卡其色裙式大衣的苏格兰军团士兵

下左图： 1941 年，美国佐治亚州哥伦布市大街上的士兵

热带军装

军装要符合多种特殊要求，包括具有伪装、标示身份地位和实用的功能等。在海外战争时期，为了适应更温暖的气候，轻薄的棉织物替代了常见的羊毛织物制成的军装。有时，为了更好地伪装，橄榄绿色的军装要替换成卡其色或浅卡其色的军装。

1867 年，霍克斯服装公司（1974 年与吉凡服装公司合并为吉凡克斯服装公司，参见第 86、87 页）为其设计的遮阳帽申请了专利。起初，这种遮阳帽是为了保护军人免受阳光的照射而设计的，是一种内部衬有软木的头盔，但很快受到人们的热捧，发展成为现在大家普遍知道的遮阳帽。

上图：19 世纪 90 年代维多利亚时期，在印度孟买的两位头戴遮阳帽的绅士

下图：1928 年东非，身穿适于热带气候的轻便西装、头戴遮阳帽的爱德华王子（左一）

97 页图：（从上顺时针方向）吉凡克斯服装店里展示的遮阳帽；2011 年春夏时装展，受热带军装的启发，让·保罗·高缇耶设计的套装；吉凡克斯服装店里展示的适于热带气候的装备

案例分析：亚伦·塔布（Aaron Tubb，伦敦威斯敏斯特大学）

俄罗斯"小混混"（gopnik）亚文化展现了俄罗斯人的好斗性和对足球的狂热，亚伦·塔布的毕业作品设计深受其影响。这些年轻小混混内穿运动装，外穿正装，搭配田径运动裤，脚上穿的是搭配军装的皮鞋，里面配的却是白色圆筒短袜，这种特别的混搭风格让西方时尚界眼前一亮。

为了设计出好的作品，塔布仔细解构了来自全球各地的许多军装，并广泛研究了它们的细部设计和裁剪轮廓。

他将这些布片一一扫描，影印成与实物大小一样的纸样，然后再将它们进行重新拼贴，不断地重塑，使其变化出无穷的款式，最终形成令自己满意的设计。

塔布很清楚，男装设计一直有自身一系列的规范和传统，他选择了最具男人气概的服装——军装作为设计原型，将其重新塑造成人们日常街头穿着的服装，以吸引当代男士消费者。

伦敦威斯敏斯特大学，亚伦·塔布，从俄罗斯"小混混"亚文化中获得灵感，完成了毕业设计作品。这里展示的是他收集的调研材料

石岛
（Stone Island）

下图及 102、103 页图：
2012 年米兰时装展，石岛编号为 "982—012" 的展品

101 页图：2012 年春夏时装展，石岛的作战夹克。这款夹克采用涂有玻璃微珠涂料的高反光面料，这些制成品都是人工喷涂，然后烘干而成

1982 年，玛西莫·奥斯蒂（Massimo Osti）成立了石岛服装公司，算是 C.P. 公司（参见第 68、69 页）的姊妹公司。公司的设计理念是将奥斯蒂从二手市场中淘来的军装作为原型制作服装，采用该品牌的创新面料和制作技术，使它们紧跟时尚潮流，成为令人趋之若鹜的产品。

奥斯蒂着迷于这些二手军装的功能性和磨损褪色的面料效果。为了重新制作这些服装，他在意大利摩德纳省的拉瓦里诺（Ravarino）组建了一个精密的服装染色实验室和印花实验工厂，着手研究服装面料的染色、处理和织造工艺；想对面料进行涂层、染色处理从而达到令人满意的效果。

他找到了一种特殊的材料：一种红蓝双面的特殊工业防水油布。他先将这种布料石洗数个小时，再通过软化工序将其软化，使其转变成适合制作服装的面料。他用这种独特的面料制作了七件外套，命名为 Tela Stella——这就是石岛品牌的第一批服装。

尽管石岛品牌的灵感来自于军装，但它也具有很强的航海风格，像是经过海水腐蚀的油布。石岛品牌的徽标就是一个罗盘图案，就像军装上的勋章图案，这也是为了表现出该品牌来自于军装风格的意思。

迷彩服

20 世纪早期，印花迷彩服首次投入军用，在那之前，士兵们都是用泥土弄脏自己的军装以达到伪装的目的。

1914 年，法国成立了一个专门研制迷彩服的部门，人员有数百名之多，包括艺术家和普通员工，被称为"伪装专家"。1916 年，英国仿效法国的做法，成立了迷彩服部门，聘用艺术家兼插图画家所罗门·J. 所罗门（Solomon J.Solomon）担任首席顾问，该部门设计的第一件迷彩服是狙击手服，于 1918 年投入生产。

由于艺术家是迷彩服研制和发展的核心，所以它的设计从最初的印象派风格逐渐转变为更加立体的风格——而且还将实用性军事技术应用于这款服装的设计之中。

迷彩服的首要目的是误导对方而不是隐藏自己，因此，令人眼花缭乱的迷彩服也可应用在船只上。1919 年，切尔西艺术俱乐部在皇家阿尔伯特音乐厅举办了一场迷彩装舞会：参加舞会的人们穿着迷彩服在被喷涂得像炸弹一样的气球底下跳舞，这可能是有关迷彩服作为时装穿着的第一份记录。

1939 年，"二战"刚刚打响，英国超现实主义艺术家罗兰·潘罗斯（Roland Penrose）为"英国军队伪装发展和培训中心"撰写了《英国地方军伪装手册》。

20 世纪 60 年代早期，素色西装开始替代迷彩服，成为主流时尚。然而，到 60 年代后期，迷彩服再次回归，成为人们的时尚选择。1972 年，它再次成为军队普遍发放的装备之一。随着时代的发展，迷彩服也不断升级换代。20 世纪 90 年代，美国人开发了"巧克力屑"沙漠迷彩服，并将其成功运用到海湾战争（1990—1991）中，2003 年该款迷彩服再次出现在伊拉克战争中。

除军用外，20 世纪 70 年代，反战抗议者还利用迷彩服表明他们的政治立场。迷彩服兼具实用性和功能性，逐渐加入到人们日常穿着的主流服装的行列，其中包括，英国 DPM 迷彩服（非常杂乱的花色）、美国沙漠迷彩服和丛林迷彩服以及红色瑞士多色迷彩服。

时装设计师也从迷彩服中获得启发，将它设计成秀场时装。自此，几乎每个时尚品牌都或多或少地运用迷彩服设计服装。

左图、105 页下图：老式迷彩野战服

105 页上图：卡哈特 WIP（Carhartt WIP）迷彩夹克

左图：石岛品牌手工漆制迷彩野战服，2008 年秋冬系列

下图：德赖斯·凡·诺顿，2013 年春夏系列

107 页图：伦敦威斯敏斯特大学亚伦·塔布的设计调研图

军装礼服

"如此多的战士穿上了我设计的红色大衣。"

——理查德·斯蒂尔（Richard Steele，《说谎的爱人》，1703 年）

1645 年，英国内战期间，奥利弗·克伦威尔（Oliver Cromwell）领导的议会通过了军装标准化的法律，使得红色大衣成为众所周知的新模范军的标准军装，原因是当时红色染料比较廉价，容易买到。那个时代，不同的军团可以通过他们外套上的彩色装饰、衣领和袖口辨认出来。事实上，在此之前，红色早已运用于军装了。最引人注目的就是都铎王朝时期（1485—1603），皇室卫兵和国王的警卫队都身穿红色军装。

随着战争战术的不断进步，迷彩服越来越为军队所需。红色的军装很容易让士兵成为敌人的目标，所以它受到了冷落。但在今天，红色军装仍应用于军队婚礼、典礼以及国事活动中，当然，它还是服装设计师的灵感来源。

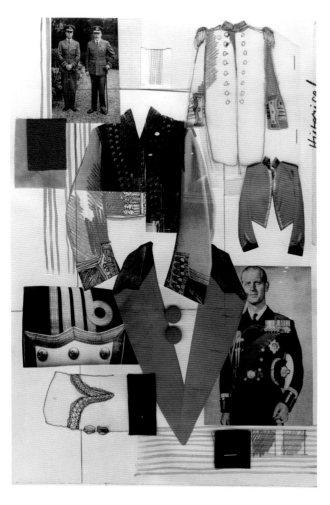

108 页左图：伦敦威斯敏斯特大学康妮·布莱克勒（Connie Blackaller）的军装礼服设计构思草图

108 页右图："杰戈的孩子"军装夹克，2010 年春夏系列

上图：伦敦威斯敏斯特大学塔莎·艾略特（Tascha Elliott）的军装礼服设计灵感情绪板

下图：20 世纪早期霍克斯设计的冷溪卫队乐手束腰外衣和鼓

工装

工装，顾名思义，就是工作时穿的衣服。但是，能够启发设计师的工装是指那些可以达到某些目的、具有内在实用性的服装，如美国火车司机的帽子，或是 19 世纪欧洲屠夫的围裙。

正是因为这些服装经过不断地发展演变逐渐符合了它们的目的性，才最终成为设计师丰富灵感的来源，这些服装对细部的处理和裁剪、缝制的方法，都是服装设计师可以参考和进行创新的。例如，有些工装可能需要双重缝合，甚至三重缝合以使其更结实耐穿或提高其铆接强度，有些则会在一些不经意的部位缝有口袋或挂环，以便放置工具和装备。

可以说，我们几乎找不出哪个男装品牌不利用工装进行服装设计的，甚至对一些男装品牌来说，工装就是它们的主打产品。卡哈特WIP 服装公司是美国工装大亨卡哈特在欧洲的分公司，其主要产品就

是适应时尚市场需求的工装。

纽约工程服装公司的铃木大器（Daiki Suzuki）寻找搜集了许多旧工装并将它们进行改造，他说："我运用动态设计的方法对那些工装的样式进行修改……通常我只做些微小的改造，小心翼翼地不破坏原有的基本设计，只是增加和减少些东西，相互协调，让旧装焕然一新。"

渡边淳弥的设计构思也经常参考工装，并与一些有同样想法的品牌进行合作。例如，2006 年，他的"重构工装"春夏系列作品就是与美国 L.C.King 制造公司合作的。这家公司在 1913 年由兰顿·克莱顿·金（Landon Clayton King）成立，主要生产 Pointer 品牌的背带裤、连身工装、木匠裤、猎装和牛仔外套等。

日本品牌波斯特工装（Post Overalls）是设计师武石小渊（Takeshi Ohfuchi）于 1993 年成立的，其理念就是设计生产与老款工装一样好的具复古感的新式工装。

当然，男装中基于工装理念的最多的部分就是牛仔装。接下来我们将讨论这一领域中的一些重要人物。

110 页左图：身穿围裙、手拿工具的美国木材公司工人，年代不详

110 页右图：1920 年，德国汽油销售员

下左图：1920 年，德国或俄罗斯厨师

下右图：身穿工作服和破裤子的美国工人，年代不详

上右图：瑞格布恩（Rag & Bone）牛仔工装裤，2011 年春夏系列

上左图：老式工装广告

下图：1900 年，英国英格兰约克郡的一群农场工人

113 页图：（从上顺时针方向）英国伦敦威斯敏斯特大学，亚历山大·麦克格雷迪（Alexander McGrady）的工装设计灵感情绪板；1936 年，美国宾夕法尼亚州欢喜山（Mount Pleasant）的采矿工；1939 年，一位美国阿肯色州齐科特农场（Chicot Farms）的农夫正用他工装上的纽扣划火柴；杜嘉班纳品牌（Dolce & Gabbana），2010 年秋冬系列

牛仔装

今天我们所知道的牛仔布是一种厚实的斜纹棉布，产自法国尼姆镇（单词"denim"源自法语的"serge de Nîmes"）。最早被称为"jean"（牛仔布）的面料是一种来自意大利热那亚市（法语Gênes）的靛蓝染色棉布。在18世纪，英国英格兰北部的兰开夏郡盛产这种布料。

不管牛仔布的起源是什么，那些用牛仔布制成的服装最初都是铁路工人、农民、建筑工人等的工装。牛仔装几乎成为20世纪后半期每个青年运动不可或缺的部分，从行为暴戾的青少年和摇滚玩家到朋克党和嬉皮士。后来，牛仔装成为年轻人的日常穿着，一般搭配机车夹克、T恤等，最近非常流行与活泼的运动装搭配。

到了20世纪60年代，牛仔装生产商使他们的产品更加富于时尚感，其风格也有所改变并加以点缀，以迎合潮流风尚。到了70年代，牛仔装的销售盛极一时。而80年代期间，古奇（Gucci）、卡尔文·克莱恩（Calvin Klein）和歌莉亚·温德比（Gloria Vanderbilt）等时尚品牌开始设计和生产自己品牌的牛仔装，这样，时尚牛仔装诞生了。

20世纪90年代早期，牛仔裤不再受到年轻人的青睐，多口袋的冲锋裤和运动裤成为年轻人的主要服装。但是到了90年代晚期，牛仔裤卷土重来，出现了一款新的时尚产品——"Engineered"牛仔裤。

2000年，牛仔装在时尚界站稳脚跟，许多设计师的作品中都有牛仔装。在无数的服装类型中，它都占有时尚潮流的一席之地，其款式多种多样，包括漂洗的、原状的、宽松的、粗短的、刺绣的牛仔装等。

下左图：条纹牛仔工装和美国司机帽

下右图：复古男装店铺展示的工装

115页主图：英国伦敦威斯敏斯特大学，菲利普·鲁（Philip Luu）以工装为基础的设计灵感情绪板

115页插图：1911年9月，美国马萨诸塞州劳伦斯的一群十一二岁的童工

ABR

Alexander Rodchenko wearing
the constructivist work overalls
created by his wife Varvara Stepanova

Photo Mikhail Kaufman, 1922.
Page from Bruce Bernard (ed.),
"Century: One Hundred Years of Human Progress,
Regression, Suffering and Hope",
London, Phaidon, 1999

李维斯
（Levi Strauss/
Levi's）

1873 年，总部设在美国旧金山的李维斯公司为其生产的低腰牛仔工装裤申请了专利。这些牛仔工装裤是用产于美国新罕布什尔州曼彻斯特的阿莫斯克亚格工厂的牛仔布面料制成的，配有一个弧形缝合的后口袋、一个表袋、一个半腰饰带、吊裤带纽扣和裆部铆钉。这款裤子的口袋是用铆钉缝接的，这是李维斯的专利。后来，原来的弧形缝合设计随着时间的流逝而消失。1890 年，李维斯出品的 501 铜铆钉牛仔工装裤，颇受人们喜爱，名声大噪。

这些牛仔工装裤经历了经济大萧条时期和第二次世界大战，经受了时间的考验，期间进行了一些小修改，原来的单个后袋变成了一对，半腰饰带消失了，串带襻代替了吊裤带纽扣。战争期间，为了节省材料，所有多余的细部设计和修饰都去掉了，包括弧形缝合的设计，后来，缝纫工就在每条牛仔工装裤的后袋上手工涂上类似的弧形标志。

20 世纪 50 年代，不知是何原因，青少年开始称这种服装为"牛仔裤"（jeans），后来，这一叫法被广泛使用。在之后的岁月中，五个口袋（两个后袋，两个前袋，一个票券袋）的休闲牛仔裤几乎成了年轻人的"制服"。当时，所有李维斯 501 牛仔裤都得缩水后才有合身的效果，所以青少年总是将他们新买的牛仔裤泡到浴缸里，让裤子缩水以达到适合他们的尺寸。到 60 年代早期，出现了预先水洗缩水的牛仔裤。

1936 年，李维斯采用了白线刺绣"Levi's"字样的红标，用于区别其他牛仔裤。1971 年，红标中原本大写的字母"E"改成了小写"e"，大写"E"成为老式牛仔裤和夹克的标志性特色。20 世纪 80 年

下左图：李维斯的红标细部

下右图：牛仔靛蓝染料桶

上左图：蓝色牛仔裤、靴子和马刺，照片拍摄于 1940 年 6 月的美国新墨西哥州，图中人物曾是一个牛仔，一直保持这样的穿戴

上右图：1882 年，美国加利福尼亚州普莱瑟县，两位身穿李维斯牛仔裤的矿工站在名为"最后的机会"的金矿口

代中期，复古风格的服装开始受到大众的喜爱；李维斯日本分公司敢为人先，第一个掀起复古风格的服装潮流。1992 年，李维斯充分利用其强大的传统风格，推出了一个高端品牌系列，称为"Capital E"。

1993 年，李维斯公司为寻找美国最古老的李维斯牛仔裤发起了一场竞赛，这种方式很巧妙地鼓励了全国人民挖掘李维斯的久远历史。结果，最古老的李维斯牛仔裤要追溯到 20 世纪 20 年代。1996 年，在"Capital E"系列取得成功的基础上，一系列新款的复古产品再次出现在世界各地李维斯的服装店里，称为李维斯复古服装系列。

1997 年，李维斯公司花费 25000 美元购买了一条 1891 年的 501 牛仔裤。第二年，又举办了蓝色牛仔裤 125 周年纪念展会。

无论是时尚款还是复古款，李维斯的产品风格多种多样，他善于运用公司丰富的传统不断创造出人们喜爱的产品。

李（Lee）

1889 年，H.D. 李（H.D.Lee）刚刚开始他的杂货批发生意，但到 1911 年，他已经发展成为一名工装生产商，而生产的第一批产品就是工装裤。这些工装裤采用牛仔布，且有多功能的胸袋和门襟扣。

1913 年，Lee 服装公司开发出一款新的工装裤——将夹克和裤子连为一体，形成了长袖连身工装裤（Union-All）。"一战"期间，这款连身工装裤成为美国军队的官方工作制服。1922 年，Lee 服装公司还专门为铁路工人设计了工装夹克，被称为机车夹克，为日后四个口袋的美国工装夹克设定了模板。

20 世纪 20 年代中期，Lee 服装公司意识到美国西部牛仔和马匹骑手的消费需求，生产了 Lee 牛仔裤，称为 101 牛仔裤。1944 年，Lee 服装公司则将其生产的所有牛仔装纳入名为"骑士"的服装系列

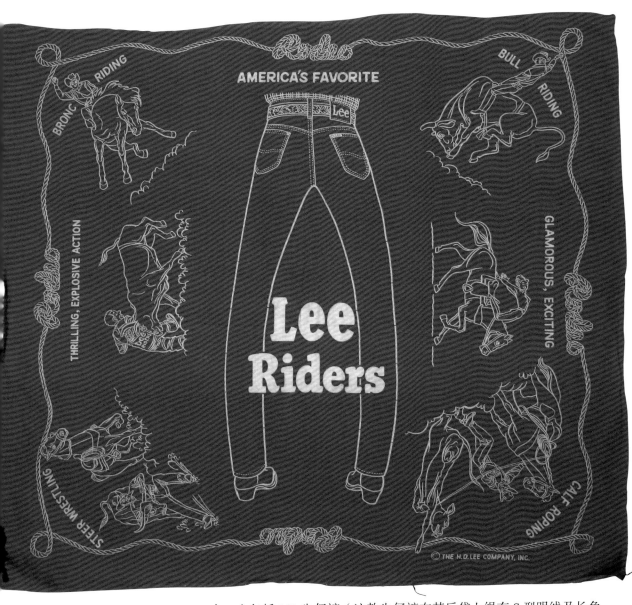

中，也包括 101 牛仔裤（这款牛仔裤在其后袋上缉有 S 型明线及长角牛的怀旧标志），还有现在非常流行的 101 牛仔夹克及被命名为"风暴骑士"的冬装系列（参见第 184、185 页）。

牛仔装一直被人们当作工装穿着，直到 20 世纪 50 年代，它逐渐演变为年轻人喜爱的休闲装。当年，叛逆偶像马龙·白兰度和詹姆斯·迪恩所塑造的电影人物形象大多身穿牛仔裤。到 20 世纪 70 年代，Lee 服装公司主要关注时装市场，而不再是工装市场。尽管如此，它的牛仔装依然是牛仔们的首选。Lee 服装公司不断向时装市场推出新的款式，其中许多都参照了畅销的老款服装，如"风暴骑士"夹克和 101 牛仔裤。

卡哈特 WIP
(Carhartt Work in Progress)

"从价格的角度看，卡哈特服装并不便宜，但若考虑到它的品质和服务，那它确实是世界上最物有所值的。"

——汉密尔顿·卡哈特（Hamilton Carhartt）

卡哈特是世界服装领导品牌之一，它从先前的工装生产转向了今天的街头时装。该品牌是汉密尔顿·卡哈特于 1889 年在美国密歇根创立的，它的口号是"从小做起，做大做强"。20 世纪早期，它不断扩大，在北美和欧洲有 20 家工厂之多。

如今，它的分店遍布世界各地。许多款式的服装保留了卡哈特的传统，依旧采用三重缝合、铜铆钉铆接的方式，牛仔布和全棉帆布面料服装一直是卡哈特品牌的象征。

作为服装生产商，卡哈特的第一批订单是铁路工人的工装裤，采用牛仔布和耐磨的全棉帆布（也称为细帆布，出自荷兰语 "doek"）制作，且配有卷尺袋和锤环。

今天，卡哈特占据了美国第一工装品牌的地位，它实用、耐磨、经典的服装款式不仅吸引着商人，也成为时髦年轻人的最爱。

1994 年，卡哈特 WIP 品牌成立，它为卡哈特建立了贯穿欧洲的销售网，从原有的美洲工装系列中选取经典款式投放到新的欧洲市场。通过仔细改造和重塑经典设计，该品牌在欧洲很快取得了成功。货真价实的卡哈特服装受到那些着迷于美国传统工装的人的喜爱，更是音乐家、滑板少年、越野自行车爱好者和艺术家的不二选择。

下左图： 卡哈特 WIP 与 APC 合作生产的夹克

下右图： 1950 年，一群美国打猎人

121 页图： 经典卡哈特工装夹克

现代工装

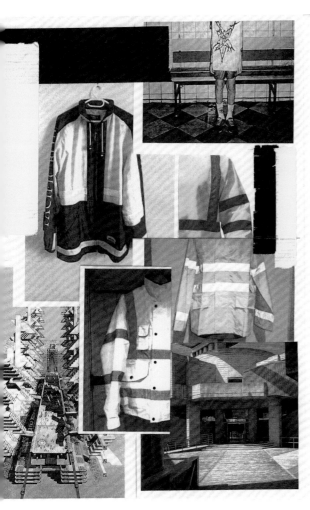

众所周知，工装是非常美国化的产物。迪凯思（Dickies）是世界上最大的工装生产商，也是非常流行的青年服装品牌，尤其是在滑板俱乐部中声名远播。

122 页图：（从左顺时针方向）迪凯思高可视材料的背心；伦敦威斯敏斯特大学，亚伦·塔布对工装的调研；纽约帕森设计学院工装展

本页图：（从左顺时针方向）亚伦·塔布的调研；迪凯思高可视材料的防护工作服；迪凯思高可视材料的背心

现代牛仔装

当今，在全球范围内，现代牛仔装市场可谓是蒸蒸日上，美国的旧金山和日本的冈山都已确立了在业内的领导地位，阿姆斯特丹则成为欧洲牛仔装的中心。

艾米·莱弗顿（Amy Leverton）是纽约时尚资讯网的牛仔装高级编辑，她认为阿姆斯特丹牛仔装市场至关重要。尽管许多大牌早已在此建立了基地，如智多星（G-Star）、苏格兰苏打（Scotch & Soda）等，但是，还有新的品牌不断出现、此起彼伏，如国王的靛蓝（KOI，Kings of Indigo）、蓝色屠夫（Butcher of Blue）和德·纳姆（Denham）。

阿姆斯特丹牛仔装市场依托于阿姆斯特丹社区大学新创立的牛仔装学校。对于这里的学生来说，该校为其提供了有关时尚牛仔装的全部知识。实践证明，通过参与课程学习，该校在联合几个全球著名的牛仔装品牌方面发挥着重要作用。阿姆斯特丹时尚机构（AMFI）为时装设计专业的学生设置了一个长达6个月的牛仔装学习项目，使学生了解关于牛仔装的深层知识。

此外，美国的罗利（Raleigh）、泰里森（Tellason）、杰克/刀（Jack/Knife）、轨道车精品（Railcar Fine Goods）品牌，日本的重磅牛仔裤（Iron Heart）、蔗糖（Sugar Cane）和最强韧牛仔裤（the Flat Head）品牌，以及英国的道森牛仔（Dawson Denim）品牌都采用本地生产商的老式织布机和老式机器手工制造的方法生产牛仔装。正如莱弗顿所说，"牛仔装转向小规模生产是一场变革，再一次展现了人类的精湛工艺。"

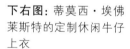

下右图： 蒂莫西·埃佛莱斯特的定制休闲牛仔上衣

125 页图： 奈杰尔·卡本的牛仔服装细部和带边牛仔布织机

服装语言

所有服装类型都有特定的编码信息，就像 DNA 一样，以说明其生产信息和功能。如果设计师充分了解了这些信息，就会使设计更具有实用性和完整性，这样才能在深思熟虑之后，成功地解除这些固有信息的束缚。

我们要思考一个问题：是什么使得定制正装会传递出不同于工装或是运动装的信息呢？如，从服装的构造看，是否有内衬或者需要粘衬，使用单层还是双层面料？又如，衣服上面是否缉明线，单线、双重线还是三重线呢？明线的缉缝是如何压合的，是在接缝的位置还是在一边？还有，这些缝缝的出现是为了服装的用途吗？又如，受力程度、构造或防水性呢？还有，怎样处理不同的面料？对牛仔布的处理是不是与处理衬衫面料或是套装面料不同呢？而且，服装的类别也可以通过不同的服装细部加以区别，如口袋或是领子的形状。所以说，设计师只有在仔细研究过这些服装信息并完全了解以后，才能游刃有余地利用它们并创作出新颖独特的作品来。

多年以来，不同的设计师和生产商也逐渐形成了自己独特的服装语言，有时是为了区别服装的功能，但有时也是为了品牌的知名度。想一想李维斯后袋上的弧形明线，卡哈特夹克上的三线缝边，马吉拉（Margiela）毛衣的织唛。设计师就应当了解男装裁剪和后期整理过程中的细微差别，应当能区分萨维尔裁缝街、日本以及意大利的不同做工。

这些表面看起来普通的问题以及由此而引起的细心观察和研究才是我称之为"服装语言"的核心所在，也是服装设计的基础，男装尤为如此，因为男装更是建立在一系列严格的标准之上的。男装设计需要设计师真正深入地懂得这些"语言"，其设计才能让人佩服，获得成功。

下左图：1948 年，英国海军情报员乔治·B·奥斯本（George B. Osborne）上校，头戴海军帽，身穿条纹运动衫

下右图：伦敦威斯敏斯特大学，夏洛特·斯科特（Charlotte Scott），受海员启发而形成的设计构思草图

127 页左图：渡边淳弥 2011 年春夏系列，法式条纹衫搭配防水夹克

127 页右图：迪奥 2013 年春夏系列，法式条纹毛衫

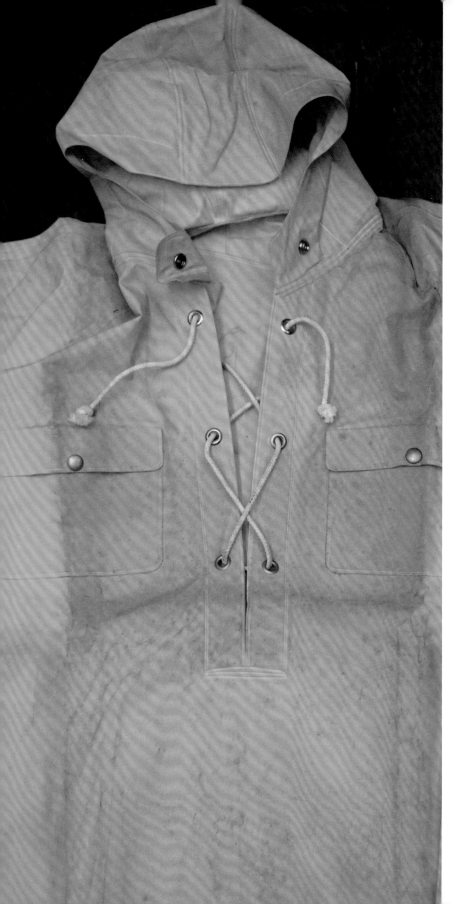

服装案例分析：
防水外套

针织品案例分析：费尔岛针织毛衫（Fair Isle）

费尔岛是英国的一个偏僻小岛，因其传统的编织工艺而闻名于世。"费尔岛"一词常被用来描述由几何图案构成的水平条带的彩色针织品。但是费尔岛这种独特的编织风格是几个世纪前才形成的，当地人发现把优质纱线编织成双层，可以制成温暖、耐磨、轻便的服装（"Stranded colour-work"的意思是编织彩色衣服，用以描述这种工艺更为贴切）。

传统的费尔岛毛衫的图案通常是圆形，使用五种色彩，每排条带只用两种颜色织就。用红、蓝、棕、黄、白五种传统颜色织就的原始图案的毛衫呈现出其独特的历史价值。1921年，威尔士亲王（即后来的英王爱德华八世，King Edward VIII）参观费尔岛（参见第58页）时，马吉·布鲁斯（Maggie Bruce）为他专门编织了一件费尔岛毛背心，自此，用天然羊毛色（主要是棕色、灰色、黄褐色、白色）织成的费尔岛毛衫变得非常流行。

今天，费尔岛依旧是这种传统工艺的唯一资源。那里有一家小型联营厂，名为费尔岛工艺品厂，那里的工人用手摇编织机来织造传统的或现代的费尔岛毛衫。这些毛衫质量上乘，并且还打着费尔岛自己的商标。

从不墨守成规的兄弟品牌（参见第26、27页）的设计师们经常采用费尔岛毛衫的工艺，并赋予这种古老工艺以独特的美感。设计师科泽特·麦克里瑞（Cozette McCreery）说："我们很多设计都源自于经典的传统形式、图案及理念，费尔岛毛衫就是其中之一。我们将最有影响力并仿自于费尔岛毛衫的系列命名为'恐怖岛'（Scare Isle），用开司米羊毛编织成令人炫目的霓虹色彩，在传统的图案上间或有骷髅和弗兰肯斯坦（Frankenstein）（一个幽默的卡通人物）的素描画像。高翻领毛衫、裹腿以及马甲都采用了编织工艺，整个装束还配上了莫霍克族的头套，更增加了怪异感。'针织怪物'作为现代羊毛衫的一种，已经遍及世界，出现在各大杂志的封面和许多媒体的报道中。"

下左图：旧编织图案插图

下中图：20 世纪 20 年代与众不同的高尔夫球袜的广告

下右图：20 世纪 20 年代费尔岛针织毛衫插图

131 页图：兄弟费尔岛针织毛衫"乔治与龙"（George and the Dragon）系列

132 页图：沃尔特·凡·贝兰多克费尔岛针织毛衫，2010 年秋冬 "Take a W-Ride" 系列

133 页图：奈杰尔·卡本费尔岛针织毛衫

Crew Neck Fairisle Jumper 100% British Wool

BRITISH ISLES Lettering?

double rib?
single '' ?

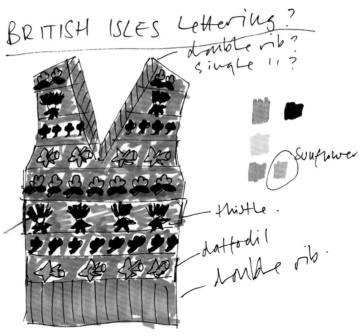

sunflower

thistle.

daffodil

double rib.

big
thistle. +
daffodil

small :
shamrock
+ roses.

Colours:

pale Aqua — background

mustard/gold — daffodil

green/blue
donegal — leaves +
shamrock

pale pink — rose

rust ? —— thistle

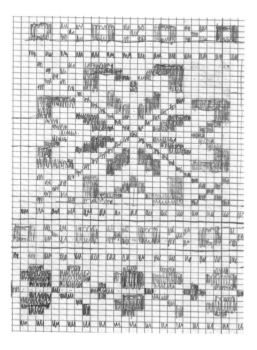

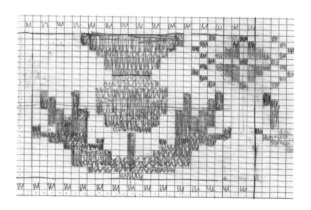

knit slipover

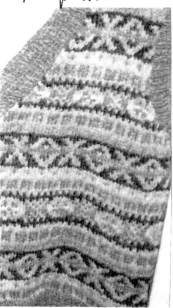

traditional / Fair Isle pattern

Flower pattern / Fair Isle.

伦敦中央圣马丁艺术与设计学院，阿米莉娅·彼得斯（Amelia Peters）记录的费尔岛针织毛衫的草图

运动装

　　早期的运动装是为了有意识地区分而设计的，衣服的颜色、色块、条纹以及徽章都是为了标示一个运动队的身份。在弹性面料和防水面料出现以前，制作运动装的材料主要是棉和羊毛——它们可不是我们今天称为的"功能面料"。

　　最初，只有球队和学校有他们自己的徽标，但是运动服生产商也逐渐开始设计他们自己的徽标。于是，在一件运动服上能够看到在队徽和饰章旁边还有运动装品牌的徽标。例如：创始于20世纪20年代的詹特森（Jantzen）泳装的"跳水女孩"、30年代的法国鳄鱼的"鳄鱼"、阿迪达斯的三条纹（设计非常独特，因为它不是形象性的标志，而是一个十分成功的商标设计）以及由波特兰州立大学平面设计专业的学生卡洛琳·戴维森（Carolyn Davidson）为耐克绘制的商标"swoosh"（意思是"嗖"的一声）。

　　随着面料质量和生产技术的不断提高，一系列新品种的面料和一整套新的技术出现了，包括人造纤维、弹性面料以及各种功能性面料。而包缝机和平缝机的出现使得服装更适宜运动，不但弹性好而且与皮肤的摩擦更小。

　　这些技术及面料的革新也表明时尚在不断地发展。所有的设计师都在寻求创新之道，而他们经常从运动装的更新换代中捕捉灵感。

下左图：1870年，白色板球运动装

下右图：爱德华复古风格多色运动装广告

137页上图：1950年，曲棍球队合影

137页下图：20世纪20年代，英式橄榄球队合影

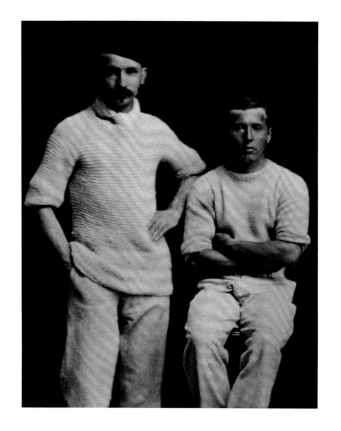

棒球 / 运动夹克

上图：复古式棒球夹克

139 页图：（从左上顺时针方向）复古式运动毛衫标牌；1914 年身穿带有 "St.L" 标志的运动毛衫的棒球运动员詹姆斯·奥蒂斯（James Otis）；20 世纪 60 年代美国的短袖夹克；1920 年身穿运动毛衫的男青年；1970 年美国高中的棒球队合影

和大多数男装一样，美国经典的棒球夹克也历史悠久。起初，这种夹克叫做"运动员夹克"或者"荣誉夹克"，因为只有大学里的球队队员们才会穿（因此，人们也把它称为"队服"）。

穿着不同颜色的队服，这一习俗可追溯到维多利亚中期。到 19 世纪末，运动员们不但穿着不同颜色的毛衫队服，而且上面带有队名与队徽。因为这样的毛衫经常作为奖励发放，所以人们也叫它为"荣誉毛衫"。

20 世纪初，棒球夹克出现了，皮质衣袖，羊毛衣身。到 20 世纪 30 年代，这种夹克上才印制了字母，就像毛衫队服一样。

20 世纪 50 年代，美国一家名为费尼克斯印字公司（Phoenix Lettering），开始在毛衫和夹克上绣上绳绒质感的图案，这就是时至今日在棒球夹克上不可或缺的凸起的字母标志。

棒球夹克是有许多传统制作要求的，如队员的名字要绣在左口袋上，毕业的年份要绣在右口袋上，他们所从事的运动项目要绣在右袖子上，而且为了显示对所在球队的忠诚，要把代表队的名字绣在左胸心脏的位置上。

于是，棒球夹克逐渐演变成今天的样子，受到人们的青睐。虽说是服装商品，可它也能为公司或球队赢得名誉。棒球夹克虽然不断发展变化，但仍然保留了先辈们留下的传统，包括皮质衣袖、羊毛衣身和徽章。

概念男装与先锋派男装

尽管男装是非常注重实用性的产品，而且又有许多已经确立的标准，但也仍需要有想法且大胆的人冒险、尝试、创造，才能推动男装的不断发展。因此，男装设计师需要有眼界、信仰甚至是幽默感。

虽然，理念从来都不比最后的结果（服装成品）更重要，但是设计过程却不是标准程序的重复。

下面几页展示的是理念前卫的设计师们的作品，它们在设计思路

和方法上都与普通的服装设计有着天壤之别。其中一些出自于专业设计师之手，另一些是出自于即将成为设计师的学生之手。我们能够看到，比利时设计师沃尔特·凡·贝兰多克古怪前卫、像卡通片一样的审美观；德国设计师本哈德·威荷姆（Bernhard Willhelm）从玩具、电脑游戏、美式橄榄球中获得的灵感；英国概念派艺术家艾托·斯洛普不受季节周期影响，运用更加理性的方式进行的设计；日本设计师渡边淳弥对选定款式的不断修改；还有，街头潮流品牌 XXBC 得益于纽约街头稀奇古怪、个性十足的人的设计。

威斯敏斯特大学的课程总监安德鲁·格罗夫斯认为，"当下，虽然许多男装的设计仍是对'基本套路'的重新采纳，依然是成衣、裁缝街定制、运动装与军装，但关键的一点是设计师们打破了陈腐的方法、实现了他们的设计理念。设计师汤姆·布朗尼和沃尔特·凡·贝兰多克等人用新鲜刺激、令人振奋的方法大胆审视网络技术、性别、身份这些元素，将男装推向一个前所未有的新领域。这些设计师将男装领域进一步扩大，最终能够使其他设计师的参照标准整体向前推进一步。"

谈到如何激发设计师们的创造力时，中央圣马丁艺术与设计学院主讲男装设计的斯蒂芬妮·库珀表示："若没有设计师们通过自身来创设挑战、施加影响并打破常规、探寻服装的极致，那么，先进的设计理念以及面料工艺的发展就不能打破传统枷锁的束缚，找到一种新的方式，而这才是设计师理念最纯粹的表现。

人们总是对过去的时尚潮流不断思考、重新创造，直到将其发展成为一种更有感觉、更能反映时代的潮流，以传承不同时代的人们的审美。'服装理念'这一术语就是用来描述身份、体态和性别这些元素的。设计师有时使用这些设计元素并不是出于商业目的，而是为了获得丰富的灵感源泉，因为这些元素会纯粹地呈现出一种时尚的审美，而这就是设计师的灵感、梦想和艺术形式。"

谈到男装设计师如何寻找新的灵感时，纽约时尚资讯网 *Stylesight* 的莎伦·格劳巴德说道："我认为男装的设计可以从女装中获得更多的灵感。一些男装设计师早就这样做了。J.W. 安德森（J. W.Anderson）就是其中之一，在 2013 年秋冬装系列发布会上，他的作品中带有裙裾就体现了这一点。纽约达克·布朗公司（Duckie Brown）的设计师史蒂文·考克斯（Steven Cox）和丹尼尔·西尔弗（Daniel Silver）也从女装设计中获得了灵感，但是表现得更为微妙一些。"

沃尔特·凡·贝兰多克 2009 年春夏时装表演的最后一幕

渡边淳弥
(Junya Watanabe)

日本设计师渡边淳弥出生于 1961 年，曾任川久保玲的助理，1984 年从东京文化服装学院毕业后，进入川久保玲服装公司从事制板工作，后来负责设计女装系列中的女士睡袍（现已停止）。自 2001 年以来，他一直致力于川久保玲服装公司旗下以自己名字命名的男装品牌。

渡边淳弥非常善于对旧事物的再加工和重新创造。他经常将一种服装类型或风格作为一个服装系列的基础或主题，解构其中的时尚元素，将其重新组合以创新，但又不失原型的特点。为了达到理想效果，他与他所使用的许多原型服装生产商合作。李维斯的牛仔裤、卡哈特的工装以及万顺的皮革制品都在渡边淳弥的魔力下华丽转型，匡威（Converse）、彪马（Puma）和特里克（Trickers）这些高端鞋品也在他的创作下焕发勃勃生机。近期，渡边淳弥的合作伙伴还包括奢华皮具品牌罗意威（Loewe）以及英国皇室御用品牌苏格兰金鹰（Lyle & Scott）。

可以说，到目前为止，没有哪个设计师像渡边淳弥一样，能够如此准确地把握一个品牌的特点，或如此深刻地理解某种服装类型，并在此基础上，将其重新打造，使原有的设计再次焕发出青春与活力。

渡边淳弥的男装中经常含有一些可翻转或可拆分的元素，表明一件衣服并不是一成不变的，每个人都能为衣服融入一些个性化的元素，这样每个人都会成为服装设计过程的一部分。

渡边淳弥没有顺承日本通常的服装设计风格，从而做到了对西方时尚潮流的个性化诠释。一件件服装经过他纯熟的设计之后，就变成了人们趋之若鹜的潮流圣品。

下右图: 渡边淳弥 2012 年巴黎秋冬时装展，工装系列

143 页图: 渡边淳弥 2009 年巴黎秋冬时装展作品

艾托·斯洛普
（Aitor Throup）

"自有记忆以来，我就明白，服装设计是一个自然的平台，能够让我把用纸笔所绘的想法进一步发展成形。"

——艾托·斯洛普

艾托·斯洛普，1980年出生于阿根廷的布宜诺斯艾利斯。1992年，他迁到英国兰开夏郡的伯恩利，并在那里长大，他开始着迷于石岛、C.P. 服装公司等品牌。出于对这些品牌的兴趣，有绘画天赋的艾托·斯洛普来到了曼彻斯特城市大学攻读服装设计专业的学士学位。

2006年，他获得了英国皇家艺术学院时尚男装设计专业的硕士学位。

2013年1月，这名概念设计师及艺术家发布了他的第一个成衣系列（也是仍在进行的"新目标调研"项目的一部分）。经过长达六年的准备，这次发布会采用了真人大小的雕像，每个雕像展示成套服装中的一件，总共呈现了20件服装。

上图及 145 页图：艾托·斯洛普 2013 年 1 月"新目标调研"的展示

这次发布会伴有卡萨比安摇滚乐队（Kasabian）塞尔吉奥·皮佐诺（Sergio Pizzorno）的乐曲（艾托·斯洛普是该乐队的创意总监）。皮佐诺正是从艾托·斯洛普各种各样的调研主题中获得灵感，创作出了独特的音乐。艾托·斯洛普的调研主题无所不包，从印度的宗教信仰到蒙古的人文风俗和衣着习惯，内容十分广泛。

到目前为止，艾托·斯洛普还在不断挑战服装业的周期性特点。他不依照常规发布出于商业目的的服装系列，而是创造了独特的商业模式，定期展示其新颖的作品，这样他就能够不断创造新的理念，而不受服装业常规时限和季节的影响。

2012年10月，艾托·斯洛普工作室发布了四件原创作品（夹克、T恤、裤子及双肩背包），并由川久保玲的"丹佛街集市"（Dover Street Market）独家提供，这成为伦敦佛瑞兹艺术博览会（London's Frieze Art Fair）的开幕象征。2013年2月，艾托·斯洛普首次推出了商业性的作品——著名的"骷髅包"。

在谈到自己设计的作品时，他说："我认为自己更像产品设计师，而不像时装设计师，因此，每件作品都要诠释其自身原型的某些理念。"

案例分析：利亚姆·霍奇斯（Liam Hodges，伦敦皇家艺术学院）

上图及 147 页图：伦敦皇家艺术学院的利亚姆·霍奇斯从莫里斯舞者获得灵感，设计其毕业作品，这里展示的是他搜集的资料和所画的草图

下面是利亚姆·霍奇斯对他设计理念的阐述：

"对我而言，研究服饰的书籍是我所有服装设计的起点。一些是打印稿，一些是杂志，还有一些是我从卧室墙上撕下来的。从这些调查研究中，我能不断提升自己的审美，将所有灵感汇集一处。设计的过程促使我不断地重审草图，仔细思考它们是否有关，为什么有关，帮助我审视和调整之前的决策。

在思考时，我会盯着莫里斯（Morris）舞者看，但我需要一种特别的方式展示我心目中的舞者——这也是展现他与众不同的缘由。因此，我将朋克、重金属、说唱等音乐元素融入到全副武装的军人形象中，此外，我还参考巫士、稻草熊及野蛮的异教徒形象等。"

XXBC 服装公司

街头服饰品牌 XXBC（又名"Twenty BC"）反映出纽约街头人们着装的个性化、包容性和不时显露出的一点古怪。这一品牌由亚历克斯·李和威尔·汤普森（Will Thompson）一同创立，他们酷爱 20 世纪 80 ～ 90 年代的嘻哈音乐与街头文化，采用独特、优质的复古织物，结合传统的运动服面料，使服装获得非同寻常的品质和个性，而这在当今大批量生产的运动服中难得一见。

他们通过巧妙的设计，把服装的融合性展示给全世界。亚历克斯·李是一名热衷于街头时尚的摄影师兼博主，他把街头文化的个性化和多样性应用于服装设计上。

李表示："我们都认为通过服装设计可以将艺术和历史元素融合在一起。用历史元素创造当下的流行，而这也将影响未来的服装。尽管这听起来很夸张，但归根结底，我们就是两个喜欢设计酷炫服装的年轻人而已。"

下右图：亚历克斯·李和威尔·汤普森

149 页图：XXBC 出品的卫衣，将复古印花面料和传统运动服面料巧妙结合

案例分析：马瑞奥斯·亚历山大（Marios Alexandrou，伦敦金斯顿大学）

下面是马瑞奥斯·亚历山大对自己设计的阐述：

我学生时代最后一个服装系列的主题是'矿井'，我想通过它阐释'毁灭之路'的理念。

这一服装系列的主题源自于我的家乡塞浦路斯一个时代久远、无人问津的矿井，里面的东西锈迹斑斑，周围的生态环境也受到了影响。这些都表明，这个地方遭到了破坏。这样的场景触动了我，并且使我想要通过自己设计的服装来诉说这里的故事。

我想通过服装的轮廓线代表地面的地质学变化，以此来表达我的主题。面料多彩的颜色和丰富的纹理给了我巨大的帮助，我还采用一些缝绣的手段实现这种效果。

实际上，我的灵感主要来自于坐落于矿井区中央的红湖，它是由于雨水不断汇集、泥土中含有铜和铁锈而形成的。

这个矿井对我来说非常重要，不仅因为它是我儿时记忆的一部分，更是因为我的爷爷在那里工作了许多年，他的故事给了我很大的启发，使我想将这些记忆变成会讲故事的衣服。

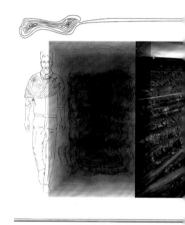

我还记得，那些矿渣散落在村庄四周，点缀着山丘，到处锈迹斑斑、孤独冰冷、无人问津。这些人为的痕迹与树、植物共同生存在一起，成为大自然的一部分，变成了一道风景。

因此，我的设计理念就是围绕着被遗忘、被忽视的人和事物，就像是一名孤独的流浪者与被遗忘的风景融化在了一起。

在服装设计的过程中，我受到艺术家草间弥生（Yayoi Kusama）、陈家刚（Chen Jiagang）和克莉丝汀·鲍（Christine Beau）的影响。草间弥生1964年创作的"花外衣"使我认识到，服装就是自然的一部分。这使我开始形成自己的面料制作与装饰的技术。陈家刚也曾采用类似的方式表达被忽略、被冷落的感觉，这冲击了我的设计理念。克莉丝汀·鲍的画作则让我想到了采用缝绣的方法来设计服装。

正是以上因素形成了我设计调研的主体，逐渐形成我的"胶囊"男装系列。

这是将传统的男装面料（如柔软奢华的羊毛面料）和经典男装款式相结合，创造出极具现代感的男装系列。

我还参考了许多当代男装设计师的作品。金·琼斯和他的成功之路使我敢于运用奢侈质感和有趣的面料。此外，马丁·马吉拉和拉

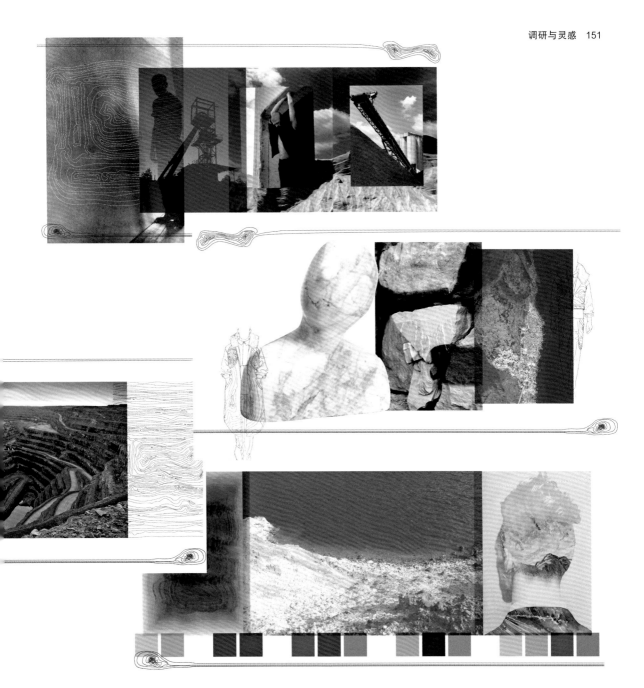

伦敦金斯顿大学的马瑞奥斯·亚历山大在设计其毕业作品时，从家乡附近的矿井获得灵感，这里呈现的是他的调研资料

夫·西蒙斯也对我产生了重要的影响。

　　总而言之，我毕业作品的设计之旅是一个有趣的过程，它开启了我设计师的生涯。

　　在整个系列中，我都采用柔软、奢侈的面料，灰白协调的色彩，但也间或使用一些铁锈红、绛紫色、驼色等表达出温暖与塞浦路斯矿井的金色。

案例分析：詹姆斯·波森（James Pawson，伦敦威斯敏斯特大学）

以下是詹姆斯·波森对自己设计的阐述：

"我所关注的不仅仅是服装时尚，也不仅仅是为了寻找灵感，而是开阔我的眼界和发展我的时尚理念。我把服装看作是一个需要构建的产品，想要看看构建它的每一个元素之间是怎样相互影响并最终实现一定功能的。通过仔细研究三维的立体设计，我不断试着将构建和修整融入到设计与风格之中，以此来挑战时尚的常规。我喜爱现代、简洁、功能强大的设计，我创作的服装不仅仅是漂亮，还要有目的性。我想通过设计，使男装因为功能而美丽，而不是固守原来的戒律。我设计的灵魂就在于我是一名服装设计师，更在于我在一些工厂的工作经历。在那里，我懂得了服装质量和设计师执行力的重要性，明白了展示的技巧和作用，懂得了修整的价值，最终了解了传统和执行力在现代创新的服装设计中的关键作用。设计是自我的延伸，是独一无二的过程，我的审美是我超出时尚范畴所进行的调研和探寻的结果。"

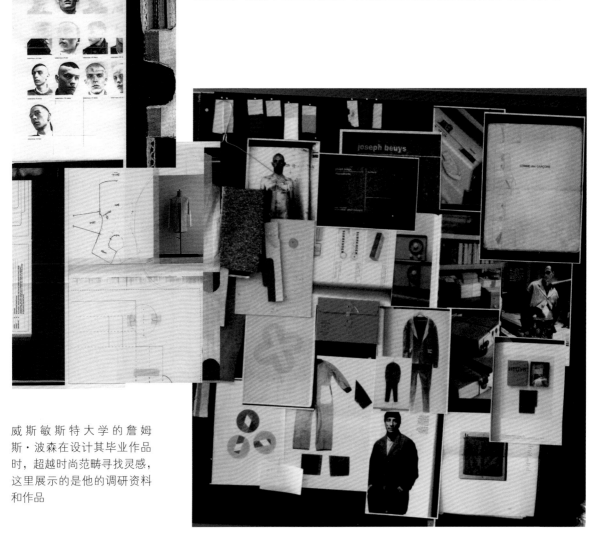

威斯敏斯特大学的詹姆斯·波森在设计其毕业作品时，超越时尚范畴寻找灵感，这里展示的是他的调研资料和作品

本哈德·威荷姆
（Bernhard Willhelm，
安特卫普皇家艺术学院）

本哈德·威荷姆1972年出生于德国，就读于比利时安特卫普皇家艺术学院。毕业之后，在安特卫普的沃尔特·凡·贝兰多克服装公司工作，并且也为伦敦设计师维维安·韦斯特伍德工作过。

本哈德·威荷姆认为自己是后现代服装设计师，痴迷于流行文化。麦当劳叔叔、恐龙、电脑游戏和美国的橄榄球队员都是他灵感的来源。2000年，他推出了自己的男装系列，三年之后，在巴黎开办了服装展览，崭露头角。他设计的服装穿在身上，感觉就像运动服，这打破了传统男装的固有观念。这些服装要么包含了容易识别的几何元素，要么就是来自巴伐利亚和非洲的民族服饰，但是它们却表达出一种"怪诞"的风格。

2005年，本哈德·威荷姆在接受 Hint 时尚杂志采访时说："我认为自己就是这一代人中的一员。我真的非常欣赏拉夫·西蒙斯、温蒂和吉姆（Wendy & Jim），还有海德·艾克曼（Haider Ackermann）等人。我曾非常喜欢维果罗夫。我与海德还是同班同学。"

谈到服装设计时，他说："我在设计服装时，其实很冷静。我用夸张的手法找到想要表达的理念的精华所在。开始设计一个男装系列时，最重要的事情就是将理念清晰地表达出来。时尚达人只对具有冲击力的理念有反应。记得我曾对垃圾食品感兴趣，所以我就将这个系列的男装与麦当劳叔叔联系起来。这就是我所需要的全部。我的设计是用来表达情感的。只有完全摆脱束缚，才能做自己想做的事情。否则，我总感觉自己在坐监狱，这就是我为什么一直标新立异的原因。"

本哈德·威荷姆，2012
年秋冬男装系列

沃尔特·凡·贝兰多克（Walter Van Beirendonck，安特卫普皇家艺术学院）

沃尔特·凡·贝兰多克 1957 年出生于比利时，1980 年毕业于安特卫普皇家艺术学院。同年与他一起毕业的还有德克·凡·瑟恩（Dirk Van Saene）、德赖斯·凡·诺顿、安·迪穆拉米斯特（Ann Demeulemeester）。第二年玛丽娜·易（Marina Yee）从该学院毕业，第三年德克·毕盖帕克（Dirk Bikkembergs）也毕业于这所学校。这六位设计师就是著名的"安特卫普六君子"。1983 年，沃尔特·凡·贝兰多克开始制作自己的服装系列。

他设计的服装取材广泛，总是有明确的主题和特征。他说："我永远都在寻找新的想法，周围的世界就是我的灵感源泉，传统、艺术、种族、音乐、历史、旧式服装，我都感兴趣。只要发现我喜欢的东西，我就用素描本或相机记录下来。

慢慢地，我的思路变得越来越清晰了，直到我完全明确了设计的主题，我就开始描绘它在 T 台上呈现的全貌。我要决定 T 台展示的风格、模特们的发型和装扮，以配合服装的款式、颜色和质地。"

所有这一切最终形成了他称之为"典型沃尔特之风"的服装，汇集了卡通风格的运动装和那些表面看起来只是经典款式，但仔细研究就会发现采用了极其复杂的裁剪和制作工艺的衣服。这些服装都有着让人吃惊的风格，每一件衣服都让人感觉到独特的魅力。

沃尔特·凡·贝兰多克对如何把新技术应用到服装设计中十分感兴趣。"我喜欢当代的先进技术，"他说，"结合安全、运动等领域的技术，我不断地试验新的面料和制作工艺。但同时，我很遗憾地看到服装工艺仍旧停留在 20 世纪初，仍是简单的裁剪和缝合。

我希望 3D 打印的先进技术能发展到服装这一使用柔软材料的领域，这样，我们设计师就能运用这个新技术来设计服装了。"

沃尔特·凡·贝兰多克的设计十分前卫，可以称得上是"未来时尚"，但他从不忽视男装的基本功能和传统。

他说："我喜欢未来，但我也拥抱过去。事实上，在过去的五季中，我的设计都是面向未来的，但我也喜欢研究服装历史，尤其喜欢'大革命'时代。法国大革命之后，巴黎的贵族们穿着奢侈、颓废，以此表现出对都铎王朝的反抗。我的'革命'男装系列就是对那个时代的纪念。"

157 页上左图及右图: 沃尔特·凡·贝兰多克，2012 年秋冬系列，"不灭的欲望"

157 页下左图: 沃尔特·凡·贝兰多克

3

经典男装传记

战壕风衣

战壕风衣的起源众说不一。巴宝莉和雅格狮丹（Aquascutum）都曾声称此款风衣是他们首先设计出来的，但可以确定的是 1901 年巴宝莉注册了此款风衣。之后，这种款式的风衣就成了两家公司标志性的产品。

战壕风衣最初是为军队而设计的，其面料具有防风雨的功能。这款风衣配有 D 形环扣和腰带，用来固定肩章和绶带。今天，在这款风衣的腰带上常见的环扣以前是用来固定地图包和佩剑的。

这款在第一次世界大战中使用并被前线部队命名为"trench coat"（战壕风衣）的风衣在战后成为男女时装的宠儿。常见的黑色、卡其色和米黄色的战壕风衣由于其的实用性成了人们日常生活中的必备品。

这款风衣的特点是双排扣、插肩袖、肩襻、带 D 形环的腰带、前肩覆和带纽扣封口的后开衩。在 1942 年的电影《卡萨布兰卡》（Casablanca）中，亨弗莱·鲍嘉（Humphrey Bogart）饰演的男主人公里克·布莱恩（Rick Blaine）就身穿这款风衣。幽默连续剧的主人公迪克·特雷西（Dick Tracy）和侦探哥伦布（Columbo）穿的也是这款风衣，从此这款风衣便成为"酷"的象征。

当今，作为男装的主流产品，战壕风衣成为世界上很多知名男装设计师的必然作品，其中也包括更具神秘感的日本设计师的作品。当然，巴宝莉的设计师们至今仍然将其作为该品牌的主打产品。

THE THRESHER
TRENCH COAT

Officially brought to the notice of OFFICERS COM-
MANDING CORPS of the British Expeditionary Force.

A coat that serves as a
Rain-coat, Great Coat,
British Warm, and when
fitted with blanket lining
(see page 28) an Emer-
gency Sleeping Kit.

July 17th, 1916.
Your Trench Coat which I bought
about a year ago continues to be
satisfactory, and with the sheep-
skin lining is superior to the
leather clothing issued to officers
of the R.F.C.

Capt. ————
Seaforth Highlanders,
attd. R.F.C.

January 27th, 1917.
Enclose cheque ———— The Trench
Coat has done well, and I think
you have received a good many
orders from this Force from
officers who have asked my
opinion on it.

Capt. ————
H.Q. 8th Brigade,
Mesopotamia E.F.

May 23rd, 1916.
Last night we had a tropical
thunderstorm for over four
hours, and your coat kept me
quite dry.

Lt.-Col. ————
Manchester Regt.

THE TRENCH and CAMPAIGN COAT
With detachable CAMEL HAIR BLANKET LINING.

An ordinary blanket is
adapted so as to form a
warm lining when the coat
is required for protection
against cold. When so worn
the blanket is invisible, but
can be let down and but-
toned below the feet so as
to form an emergency sleep-
ing kit.

A strong oil silk bag made
for the above can be carried
in a haversack. It is pulled
over the blanket and legs
when sleeping in a damp
position and serves to store

Trench
Coat,
Wind,
Wet and
Mud
Resist-
ing.

As an Emergency Sleeping Kit.

the blanket when not in use as a coat lining. The
advantage of a detachable hood makes the sleeping kit
complete.

Coat and Blanket complete	£6	16 6
Detachable Hood	0	12 6
Oil Silk Leg Bag, Reinforced Drill	0	17 6

水手双排扣短外套

164 页图：（从左上顺时针方向）20 世纪早期青少年男孩穿的水手双排扣短外套；街拍水手双排扣短外套；1942 年查尔斯·伍德（Charles Wood）制作的英国海军的海报；"一战"期间美国海军双排扣短风衣

165 页图：美国海军双排扣短风衣

The Commander Overcoat

The Reefer Overcoat

UNIFORM REGULATIONS
UNITED STATES NAVY
NAVY DEPARTMENT
1913
(REVISED TO JANUARY 15, 1917)

Seaman   Chief Petty Officer

The life-line is firm
thanks to the
MERCHANT NAVY

上图：亚伦·塔布设计的水手双排扣短外套的细节图

下图：锚形图案的水手双排扣短外套纽扣

167 页图：（从左上顺时针方向）美国海军双排扣短风衣的尺码标；复古式海军双排扣短风衣；欧洲海军双排扣短风衣

168 页图：1900 年前后，身穿双排扣水手上衣的船员

169 页图：巴尔曼（Balmain）2011 年秋冬系列，海军双排扣短风衣

　　水手双排扣短外套一般使用深蓝色或黑色的毛料，最初为欧洲海员所穿。这种外套的特点是双排扣，有宽大圆润的翻领、齐手腕的直插袋和后开衩。一个重要的细部特征是其较大的纽扣上有锚或航海的图案标志。

　　按《牛津词典》（*Oxford English Dictionary*）的说法，"pea coat"（水手双排扣短外套）这一名称 1717 年首次出现，但之后的一百多年里，这个词汇一直没有使用。这一名称可能来自于荷兰语的"pijjekker"一词，其中"pij"是指一种粗糙、有绒毛的蓝色斜纹面料，"jekker"则是指夹克。也有人认为这个名称来自"飞行夹克"（pilot jacket）一词，简称"P jacket"（得名于其粗糙厚重的制作材料"P-cloth"）。

　　起初，这种外套的原型是在航海中遇到大风浪时负责降帆的水手所穿的外套。后来，人们为了攀爬时方便，便将这种外套缩短，并将双排纽扣分别移到两片前襟上，以减少在操作过程中被钩挂的危险，同时还可以增加防风的作用。不论什么原因，这款外套至今还保留着双排扣的设计。

　　20 世纪末期，美国海军仿照英国皇家海军降帆水手所穿的这款外套设计了短风衣。第二次世界大战后不久，水手双排扣短外套的设计从八粒纽扣改为六粒纽扣，其翻领也变得更宽更长。现今，在美国，双排扣短风衣已被认定为军方官员着装的基本款式，但通常采用金质纽扣和肩襻。逐渐地，它也演化出了长款，被叫做"bridge coat"（桥装）。

　　现在，经典的水手双排扣短外套已在全球盛行，不仅成为各类服务人员的标准着装，而且成为世界性的时装理念款式，被服装设计师们和各种时装品牌所推崇。

AT, MAN'S, WOOL KERSEY
DSA100-67-C-1278
Size 36R
8405-268-8613
100% WOOL

案例分析：菲利普·斯特劳布里奇（Philip Strawbridge，伦敦中央圣马丁艺术与设计学院）

THE PEA COAT

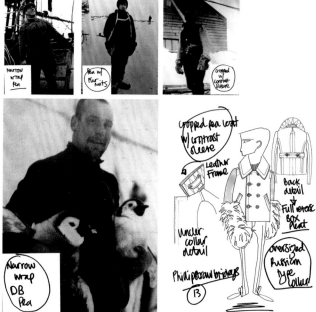

伦敦中央圣马丁艺术与设计学院的菲利普·斯特劳布里奇调查研究了水手双排扣短外套和派克大衣的起源，为他的毕业设计奠定了基础。这里展示的是他的设计思路和最终作品。

THE DUFFLE PARKA

派克大衣

"派克"（parka）一词来自于俄罗斯北部地区的涅涅茨语（Nenets），意思是"兽皮"。人们所熟知的派克大衣是一种厚重的带有风帽的外套，为北极地区的因纽特人（the Inuit of the Arctic）所穿。

20世纪50年代初期，基于这种起源于北极的外套，美国为驻扎在高寒地区的飞行员设计了能适应 -50℃的派克大衣。美国空军 N-3B 派克大衣的面里都采用灰绿色的轻薄丝绸，长度为因纽特人穿的外套的四分之三，并有风帽。20世纪70年代中期之前，这种大衣填充厚厚的羊毛纤维，后改为人造填充物，面料也从丝绸改成锦纶。早期派克大衣的风帽都镶有毛皮边，后改为人造毛皮。风帽可用拉链完全锁紧以保暖，只留一条狭缝供穿着者向外张望，由此这款派克大衣又别名"潜水式派克大衣"（snorkel parka）。最早为军队制作这款大衣的制造商有阿尔法（Alpha）和艾维莱克斯（Avirex），至今仍是男装领域中有名的制造商。

美国空军 N-3B 派克大衣也深受民用市场喜爱，因此，出现了许多其他制造商为民用市场供货。这些商家多忠实地保留了原有设计细节，但也有一些商家生产了质量低下的产品。在英国，从20世纪80年代初期到中期，价廉物美的所谓"潜水式派克大衣"十分盛行，在学生中尤为受欢迎。但学生所穿派克大衣与空军 N-3B 的原设计有所不同，其衬里多为橘黄色绗缝式，而 N-3B 衬里不是绗缝式，颜色是和贝壳颜色一样的灰绿色。

一位曾在20世纪80年代当过学生的人这样说："和我同属一个时代的年轻人中，有相当多的人都会穿着紧拉着拉链的派克大衣度过学生时代。当拉链拉紧时，那就是一个安全而舒适的小小空间，你只能从镶着兔毛边的小小缝隙处观察这个世界。"

"潜水式派克大衣"在当时为一些稀奇古怪的人及喜欢搜集机车牌号的孩子们所喜爱。到了20世纪80年代末，它的流行趋势开始减退。然而10年后，它又出现在一些独立制片人的音乐场景中，被利亚姆·加拉格尔（Liam Gallagher）和英国歌唱组合"宠物店男孩"（the Pet Shop Boys）之流所穿着［摄影师艾瑞克·沃特森（Eric Watson）将其成功打造为永恒的偶像］。到了21世纪，派克大衣又一次成为主流服装。

鱼尾派克大衣与传统派克大衣有所不同，是专为朝鲜战争而设计。它有一片长长的弧形分裂式后背（"鱼尾"由此得名），使其能绑于大腿上，从而增强保护作用。20世纪60年代，鱼尾派克大衣在英国成为摩登族（the mods）最喜爱的大衣。由于派克大衣易从军需物资商店买到，且能很好地保护穿在里面的笔挺的西装不受灰尘和所骑摩托车油污的污染，因此被视为最理想的外衣。

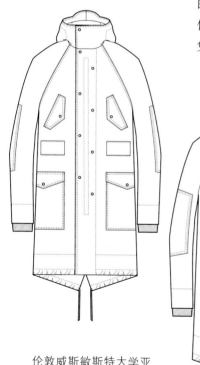

伦敦威斯敏斯特大学亚伦·塔布设计的派克大衣的细节图

上左图：渡边淳弥 2006 年秋冬时装展，设计灵感源自于派克大衣的夹克式上衣

上右图：身穿裘皮派克大衣的托马斯·谷士（Thomas Gushue），他是 1908 ～ 1909 年罗伯特·皮瑞（Robert Peary）北极探险的助手

下左图：1943 年伊朗某地，俄罗斯出生的美国陆军少校杰克·特克内维茨（Jack Tchernawitz）身着派克大衣正在押运运往俄罗斯的美军给养

下右图：伦敦威斯敏斯特大学克里斯托弗·帕克（Christopher Pak）草稿本中的节选

主图：1964 年前后，一群骑着摩托车的摩登一族聚集在英国南部的布莱顿庆祝一个银行的休假日

右图：不同角度的复古式派克大衣

176、177 页图：复古式鱼尾派克大衣，中间图可以清晰地看到这款大衣的挂里

机车夹克

机车夹克最早出现在 20 世纪初期，但 20～30 年代的机车夹克与飞行夹克或军用夹克相类似，前胸都带纽扣，并且采用立领式。这个时期，用厚马皮制作的前胸带纽扣的外套被广泛用作军队飞行服和民用工作服。

从 1906 年就开始从事摩托车生意的哈雷（Harley-Davidson）公司，很早就开始生产质量上乘的皮夹克。20 世纪 40 年代它生产的名为机车冠军（Cycle Champ）和机车皇后（Cycle Queen）的男女款机车夹克是此类服装中的代表作。后来，朗利茨皮革公司（Langlitz Leather）和刘易斯皮革公司（Lewis Leather）将 D 形口袋运用到哈雷的机车夹克上。

肖特 NYC 公司（Schott NYC）是由欧文·肖特和杰克·肖特（Irving & Jack Schott）两兄弟在 1913 年创立的，并在 1928 年开始生产皮夹克。Perfecto 系列机车夹克虽然售价只有 5.50 美元，但因马龙·白兰度在其主演的电影《美国飞车党》（The Wild One，1953，影片中有一个摩托车团伙占领了一个小镇）中穿的就是这款皮夹克而成为人们最追捧的一款。后来电影明星詹姆斯·迪恩也经常穿着这款夹克，因此机车夹克更加盛行。由于这款夹克被看作是叛逆的象征，所以美国的学校禁止学生穿着皮夹克，这样就抑制了它的流行，而只被一些反叛的年轻人所喜爱。

皮夹克从来都是给人以"酷"的感觉，到了 20 世纪 70 年代末，在朋克运动兴起时，它又开始盛行起来。

美国的朗利茨皮革公司是一家大型皮夹克生产商，该公司生产的皮夹克以其上乘的质量享誉全球。这家公司 1947 年成立于俄勒冈州的波特兰，为人们提供定制服务。英国的刘易斯皮革公司成立于 1892 年，为顾客生产种类繁多的皮夹克，特别是日本的消费者（日本从来都是质量上乘的各类经典服装的消费大市场）。美国的万顺公司（Vanson of Fall River）1974 年成立于马萨诸塞州，其以生产最精良的机车夹克而闻名遐迩，并与日本设计师渡边淳弥两次合作，将新锐设计与传统机车夹克的款式相结合，并选用质量上乘的皮革作为面料，制作出经典的机车夹克。

下左图：渡边淳弥与万顺合作的 2007 年秋冬时装展上的皮夹克

下右图：复古式皮夹克

179 页图：肖特的（Perfecto）机车夹克

上图：20 世纪 60 年代伦敦的王牌咖啡馆（Ace Cafe）是著名的机车主题酒吧，照片中一群摩托车发烧友正在为他们的心爱之物寻找停车位

下右图：1960 年前后，美国俄勒冈州波特兰市的摩托警察

181 页图：1953 年，电影《美国飞车党》剧照，马龙·白兰度饰演的约翰尼·斯塔贝雷（Johnny Strabler）与他的兄弟们一起站在人行道上

牛仔夹克

182 页图：20 世纪 50 年
代，李维斯 2 型牛仔夹克

183 页图：RRL 拉夫·劳
伦 2003 年秋冬系列，前
片打褶的牛仔夹克

上左图：1939 年，德克萨斯州马尔法附近的一个牛仔，身穿不知名的前片打褶的牛仔夹克，正在磨刀

上右图：1939 年，蒙大拿州卡斯特国家森林公园一群穿牛仔夹克的牛仔

对很多人来说，牛仔夹克有两种基准尺度：李维斯生产的经典卡车司机牛仔夹克和 Lee 生产的"暴风骑士"牛仔夹克。这两款夹克中，李维斯的卡车司机牛仔夹克历史更长，并且经过了多次改良。

李维斯牛仔夹克诞生于 1905 年，采用 9 盎司牛仔布制作，左侧有一个胸袋，有垂直褶皱，背后还有一条束紧带。大约在 1953 年，李维斯设计了 2 型牛仔夹克，前身有两个胸袋，采用套结以加固缝合，并使用腰间调节带代替束紧带。

20 世纪 60 年代初，李维斯又推出了大家可能都很熟悉的 3 型卡车司机牛仔夹克。这款夹克衣身更为修长，胸袋上增加了尖形袋盖。后来这款夹克又稍加改良，增加了侧袋，但在整体上仍然保留 60 年代原有的风格。随着人们对李维斯传统服装产品的钟爱，1 型和 2 型牛仔夹克的生产一直延续至今。

作为从 1931 年就开始生产"骑士"牛仔夹克冬装款（即大家熟知的 101 牛仔夹克的服装公司），Lee 在 1933 年开始生产"暴风骑士"系列牛仔夹克。它款式短小而性感，衬里采用著名的阿拉斯加毛绒料，领子则是用灯芯绒制成，特别的设计使其迅速打动了人们，成为许多潮流偶像的首选，其中包括史蒂夫·麦昆。

后来，Lee 将原先所使用的条纹绒衬里应用到经典的 101 系列产品中，包括衬衫、腰带和钱夹，当然还有经典的"暴风骑士"牛仔夹克的衬里。

上图：李维斯 3 型卡车司机牛仔夹克

下右图：Lee "暴风骑士" 牛仔夹克

下左图：伦敦威斯敏斯特大学亚伦·塔布设计的李维斯 3 型卡车司机牛仔夹克的细节图

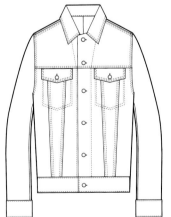

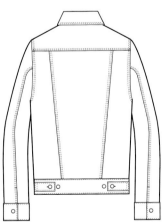

上图： 街拍牛仔夹克

187 页图： 复古男装店铺里
展示的早期李维斯 3 型卡
车司机牛仔夹克

飞行夹克

复古式皮革飞行夹克

飞行夹克诞生于第一次世界大战中。那时飞行员坐在敞开式的机舱里着实需要穿着能有效保暖的衣服。1917 年，"一战"即将结束时，美国军方成立了一个航空飞行服委员会，下令为飞机驾驶员和其他飞行人员研制用于执行重大任务的飞行服装。

在英国，第一款绵羊皮飞行夹克是由莱斯利·欧文公司（Leslie Irvin）设计和制造的。该公司成立于 1926 年，第二次世界大战中成为英国皇家空军飞行服的主要供应商。该公司生产的轰炸机飞行夹克，前胸用拉链封口，领子和翻领采用羊皮制作。由于需求量大，后来有几家其他制造商也应邀生产飞行夹克，所以出现了繁多的品种和款式。

在大西洋对岸，美国空军 1931 年推出了 A-2 飞行夹克，其长度齐腰，有罗纹袖口和底边，面料选用灰褐色马皮，采用丝绸或棉布衬里，这几乎成为飞行夹克的标准款式。军队使用 A-2 飞行夹克款式 12 年，直到新的款式出现才被取代。名为 G-1 的海军版飞行夹克在 1978 年以前一直是美国空军首选款式，后来因为流行太广，需求量太大，形成了供不应求的局面，最终美国国会取消了对它的使用。

后来，喷气式发动机的问世和新型飞机的诞生意味着皮革飞行夹克的使命行将结束，取而代之的是更轻便的合成材料制作的飞行夹克。但在 1988 年，A-2 皮革飞行夹克又重新复出，直到今天它一直是皮革飞行夹克的模板。

下图：复古式皮革飞行夹克

191 页图：（从左上顺时针方向）旧时飞行员头盔广告；一名身穿战斗套装的美国飞行员正在进入机舱；旧时飞行员服装广告；埃吉尔·约翰森（Egil Johansen）"二战"中驾驶远程轰炸机为挪威抵抗战争运送物资；1925 年前后，吉凡公司为施耐德国际水上飞机锦标赛设计的飞行员头盔

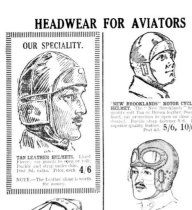

HEADWEAR FOR AVIATORS

OUR SPECIALITY.

TAN LEATHER HELMETS. Lined Fleece; ear guards to open or roll; Buckle and strap under chin. Post 3d. extra. Price, each **4/6**

NOTE.—The Leather alone is worth the money.

"OBAN." The "Oban" Cap, in Brown pliable Leather, with Ear Flaps. A Smart Cap, quite suitable for the car. **21/-**

"CYCLE-CAR" CAP. The "Cycle-car" Cap, made from Fawn colour, double-texture Waterproof material, ear and neck flaps silk lined. Post 4d. **8/6**

"BEVERLEY." The "Beverley" Tweed Cap. Excellent for the Motorist. Made from specially selected Fleecy Cloths, which combine warmth without weight. In shades of Dark Greys and Browns. Post 4d. **8/6** and **10/6**

"NEW BROOKLANDS" MOTOR CYCLE HELMET. The "New Brooklands" fine quality soft Tan or Brown Leather, Fleecy lined, ear protectors to open or close as desired. Buckle strap fastener 5/6. In superior quality leather. Post 4d. **5/6, 10/6**

The New **DOUGLAS MOTOR HELMET,** with transparent eye shield which can be worn up or down. No goggles necessary. Fleecy lined, best tan leather. Post 4d. **10/6**

THE "AUTO" Leather Motor Cycling Helmet, made from specially selected skins. Fleecy lined. Deep neck piece. Post 4d. Price **8/6**

THE NEW CHIN MUFF. The New Chin Muff Flying Helmet, in Tan Leather. Fur lined throughout. **50/-** and **63/-**

Clothing for Aviators

Mechanics' Suit. This suit is made in one-piece overall style. The material is known canvas. Sizes, 34 to 44 inches breast measure, 30 to 42 inches waist measure and 28 to 36 inches inseam measure. State breast, waist and inseam measurements. Shpg. wt., 5 pounds.
No. 6L20160½ Price, without helmet....$4.00

Serviceable One-Piece Suit. Designed especially for aviators. Strongly made of waterproof cotton gabardine cloth. Dense trap, with belt and regular collar. Strongly made, very durable and supplies the needed protection against water and cold. Comes in sizes 34 to 44 inches breast measure, 30 to 42 inches waist measure and 28 to 36 inches inseam measure. Give measurements. Shpg. wt., 1½ pounds.
No. 6L20154½ Price, each, without helmet $38.50

Aviators' Two-Piece Suit. Made of heavy black color Leatherin cloth, which has a patented finish and looks like leather, although stronger than leather. Its wind and waterproof. Extra long coat, double breasted style. Close fitting collar, two pockets. Pants made extra high in back; lace bottoms. Sizes, 34 to 44 inches breast measure, 30 to 42 inches waist measure and 28 to 36 inches inseam measure. State breast, waist and inseam measurements.
No. 6L20163½ Coat and pants.........$38.00
No. 6L20164½ Coat only, Shipping wt, 2½ lbs. ...$24.00
No. 6L20165½ Pants only, Shpg. wt., 2 lbs. $14.00

Our Best Suit for Aviators. A one-piece garment, splendidly made of high quality leather; very soft and pliable. The leather has been especially tanned, and we recommend this suit as one that will meet every requirement of the aviator. It will give long and satisfactory service and its strongly made. Sizes, 34 to 44 inches breast measure, 30 to 42 inches waist measure and 28 to 36 inches inseam measure. Give measurements. Shpg. wt., 13 lbs.
No. 6L20166½ Price, each, without helmet....$76.00

Aviators' One-Piece Suit. Heavy black color Leatherin (imitation leather) cloth. Four pockets, two big pockets in front, two big sloping collar, belt sleeves. Chest and back lined. Snap button front, making it easy to slip on. Sizes, 34 to 44 inches breast measure, 30 to 42 inches waist measure and 28 to 36 inches inseam measure. State breast, waist and inseam measurements. Price does not include helmet or leggings, shipping wt., 5 lbs.
No. 6L20162½ Price $29.60

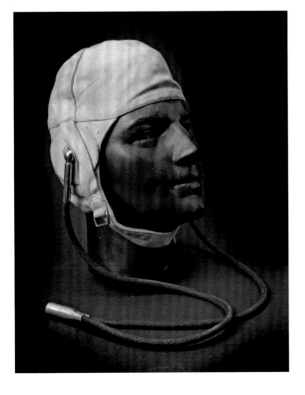

上图及中左图：复古式飞行夹克

中右图：1943 年 3 月 30 日，身穿飞行夹克的乔治·巴顿（George S.Patton）中将

下图：1943 年前后莱德空军基地：俄罗斯和美国士兵都非常喜爱"加夫尼夹克"，该款夹克由美国空军陆战队准将戴尔·加夫尼（Dale Gaffney）设计

193 页图：巴宝莉 2010 年秋冬时装展，羊皮飞行夹克

粗呢风帽大衣

粗呢风帽大衣得名于比利时安特卫普省道夫尔镇，当地人用这里出产的一种叫"duffel"的厚重的防水毛呢料制作衣服。

从第一次世界大战中拍摄的照片可以看到，一些海员身穿的粗呢风帽大衣上都有木质角扣和绳环，并且带有宽大的风帽及标志性的左右肩育克设计。在两次世界大战之间的岁月里，这种大衣设计逐渐发展为我们现在所看到的那种经典的粗呢风帽大衣。在第二次世界大战中，这种大衣被称为护航大衣。它的流行是因为陆军元帅蒙哥马利（Field Marshal Montgomery）曾经穿着一件驼色的粗呢风帽大衣，因此得到"蒙氏大衣"的称号。

1951年，莫里斯夫妇（Howard and Freda Morris）成立了格洛弗奥（Gloverall）公司，为英国军队供应手套和工作服。后来，国防部要求它把"二战"和朝鲜战争中所生产的粗呢风帽大衣库存统统处理掉，这样一来，这款大衣的市场供应就停止了，但是社会的需求量依然很大。于是，格洛弗奥公司设在伦敦的工厂开始生产这种大衣。这次，它用皮革条取代了原来的绳环，木质角扣也变成了水牛角制成的牛角扣，还引进了双面格子图案的布料。

20世纪50年代中期，格洛弗奥公司开始出口这款大衣，很快受到全世界人们的狂热追崇。这种经久耐穿、质量可靠的粗呢风帽大衣成为美国所谓"垮掉一代"和英国所谓"愤怒青年"在服装上的首选，这如同是一次在服装问题上的政治声明。在美国，人们可以看到佩里·科莫（Perry Como）和平·克劳斯贝（Bing Crosby）等音乐人穿着这款大衣，还可以看到很多社会名流、演员和运动员身穿这款大衣的照片——就像典型的伦敦帕丁顿熊（Paddington Bear）的穿着。

与其他许多标志性的服装一样，粗呢风帽大衣也经历了从实用的军事用途到民用时装的转变，而且其品种和款式也在不断翻新。格洛弗奥公司从开始生产这款大衣到现在已经连续生产了长达六十年之久。

194 页图: 身穿粗呢风帽大衣的水手

195 页图:（从上顺时针方向）伦敦威斯敏斯特大学亚伦·塔布设计的粗呢风帽大衣的细节图；20 世纪 50 年代，伦敦市民穿着的粗呢风帽大衣；1956 年身穿粗呢风帽大衣的一位青少年；20 世纪 50 年代早期，英国格洛弗奥公司生产的最早的民用粗呢风帽大衣，采用深橄榄色羊毛面料，配有绳环和木质角扣

196 页图：保罗·史密斯（Paul Smith）2011 年秋冬系列，粗呢风帽大衣

197 页上图：渡边淳弥 2011 年春夏系列，由粗呢风帽大衣启发设计的轻薄款外套

197 页下图：街拍粗呢风帽大衣

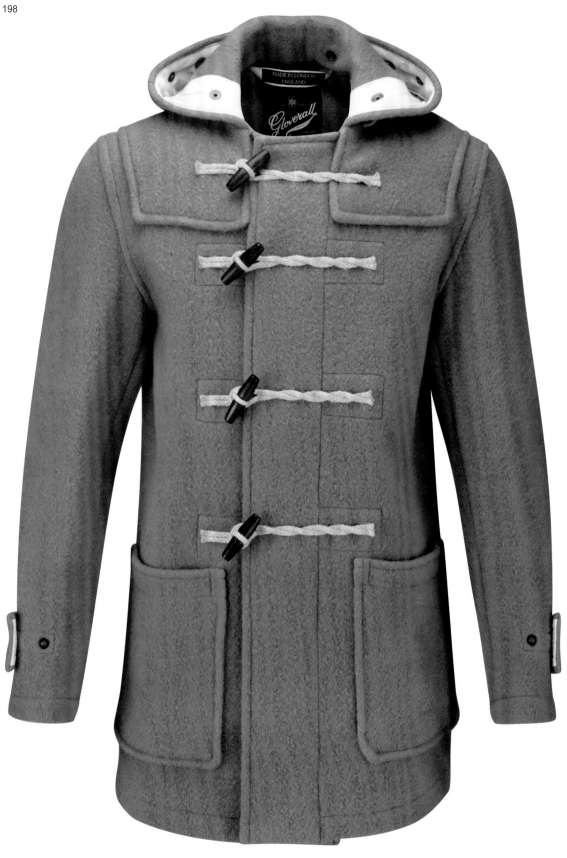

198 页图：英国格洛弗奥公司生产的现代粗呢风帽大衣

199 页图：英国格洛弗奥公司生产的"二战"期间英国皇家海军穿着的经典粗呢风帽大衣改良款，这款大衣"二战"期间由于蒙哥马利元帅的穿着而世界闻名

战地夹克

200 页图：M–43 战地夹克；伦敦威斯敏斯特大学亚伦·塔布设计的战地夹克的细节图

201 页图：1976 年电影《出租车司机》中，罗伯特·德尼罗饰演的特拉维斯·比克尔（Travis Bickle）身穿战地夹克的剧照

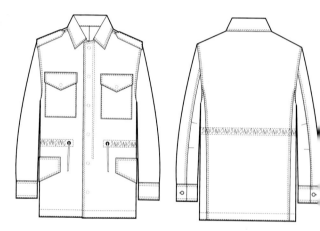

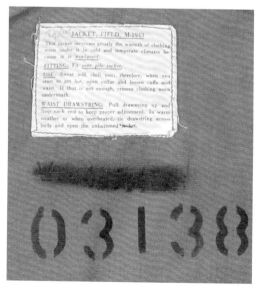

上图：来自伊利诺斯州的身穿战地夹克的美军卡车司机二等兵 E.G. 理查兹（E.G.Rich—ards）

203 页图：石岛防风防水战地夹克，采用超轻棉与有聚氨酯涂层的特殊面料制成

　　对大多数人来讲，一想到战地夹克，进入脑海的首先是 M-65。但它的起源却是第二次世界大战中的 M-43（即 M-1943）型战地夹克。这是一款设计非常成功的夹克，以至于今天世界各国的军队都还穿着与 M-43 极其相似的战地夹克。

　　按照分层的设计原则，M-43 型战地夹克采用军绿色棉质外层，内有夹层以增强其保暖性能。还有一款衬里加绒的加厚战地夹克，适用于在高寒地区穿着。另一种是短款羊毛夹克（又称 Ike 夹克），用于中寒地区。这些夹克都配有军绿色头罩，里面可另加镶有毛皮边的帽子。

　　更多的改良型号还有：M-50 型战地夹克，衬里用扣子与衣面相固定；M-51 型战地夹克，用拉链替代了扣子，并用按扣封闭口袋。这款夹克的盛行直到著名的 M-65 型战地夹克的问世才告终结。M-65 型战地夹克曾是电影《冲突》（Serpico，1973）中阿尔·帕西诺（Al Pacino）和电影《出租车司机》（Taxi Driver，1976）中罗伯特·德尼罗（Robert De Niro）穿着的服装。M-65 型战地夹克是阿尔法公司在与美国军方协商的基础上生产的，最初采用橄榄绿色，而现在则色彩多样，甚至也有迷彩色的。这款夹克设计有两个小胸袋，下摆处还有两个大口袋；轻薄的风帽用拉链与领子相连，并可外加保暖层。当今，很多男装的设计灵感都来自于 M-65 型战地夹克。目前，石岛、阿贝克隆比菲奇和贝达弗等公司以及其他许许多多的生产商都还在生产这款他们所崇尚的实用的夹克。

参考文献

Behrens, Roy R., *False Colors: Art, Design and Modern Camouflage*, Dysart, Iowa, 2002

Beirendonck, Walter Van, *Dream the World Awake*, Tielt, Belgium, 2012

Blechman, Hardy and Alex Newman, *DPM: Disruptive Pattern Material*, London, 2004

Bonami, Francesco, Maria Luisa Frisa and Stefano Tonchi, *Uniform: Order and Disorder*, Milan, 2001

Davies, Hywel, *Modern Menswear*, London, 2008

Facchinato, Daniela, *Ideas from Massimo Osti*, Bologna, 2012

Grand, France, *Comme des Garçons*, London, 1998

Griffiths, Nick and Francesco Morace, *Stone Island: Archives '982–'012*, Milan, 2012

Howell, Geraldine, *Wartime Fashion: From Haute Couture to Homemade, 1939–1945*, London, 2012

Huvenne, Paul, Emmanuelle Dirix and Bruno Blonde, *Black: Masters of Black in Fashion and Costume*, Antwerp, 2010

Jones, Terry, *Rei Kawakubo*, Cologne and London, 2012

Jones, Terry, *Yohji Yamamoto*, Cologne and London, 2012

Newark, Tim, *Camouflage*, London and New York, 2009

Sherwood, James, *Savile Row: The Master Tailors of British Bespoke*, London and New York, 2010

Sherwood, James, *The Perfect Gentleman: The Pursuit of Timeless Elegance and Style in London*, London and New York, 2012

Simms, Josh, Douglas Gunn and Roy Luckett, *Vintage Menswear: A Collection from The Vintage Showroom*, London, 2012

Sudjic, Deyan, *Rei Kawakubo and Comme des Garçons*, London, 1990

Thornton, Phil, *Casuals: Football, Fighting and Fashion – The Story of a Terrace Cult*, Lytham, 2013

www.style.com

致谢

　　首先，感谢以下时装设计师：Kim Jones，Dylan Jones，Peter Tilley，Ike Rust，Christopher New，Andrew Groves，Stephanie Cooper，Richard Gray，Elinor Renfrew，Sean Chiles，Sharon Graubard，Nigel Cabourn，Drew Holmes，Aitor Throup，Mariel Reed，Frederick Dhyr，Amy Leverton，Walter Van Beirendonck，David Flamee，Anne Marie NG，Damien Arness-Dalton，Jonathan Quayle，Paul Frecker，Terry Jones，Dong Gunn，Alex Lee，Francesca Picciocchi，Sylvia Quayle，Chris Brooke，Barnzley，Richard De Pesando，Christopher Shannon，Federica De Carlo，Willem Kampert，Sarah Driscoll，Joseph O'Brien，Charlotte Sutcliffe-Smith，Blanaid Kenny，Holly Daws，Joe Knight，Cozette McCreery，Victor Hensel-Coe，David Scott Noble，Dr and Mrs Kirke，Simon Foxton，Emma Shackleton。

　　其次，感谢以下学院的工作人员及学生：伦敦中央圣马丁艺术与设计学院、伦敦金斯顿大学、伦敦皇家艺术学院、伦敦威斯敏斯特大学、阿姆斯特丹服装学院。

　　最后，感谢以下服装品牌及媒体：路易·威登、安特卫普摩姆博物馆、奈杰尔·卡本、亚历山大·麦昆、格洛弗奥、巴拉酷塔、吉凡克斯、巴伯尔、百索＆布郎蔻、卡哈特WIP、复古男装店铺、沃尔特·凡·贝兰多克、艾托·斯洛普、黑色风格（Black Style）、兄弟、纽约时尚资讯网、蒂莫西·埃佛莱斯特、石岛、洛基、超越怀旧（Beyond Retro）、Catwalking.com。

科德斯特里姆（Coldstream）警卫军团乐手（Hawkes）所穿着的丘尼克服装和使用的乐器鼓的细节，由霍克斯裁缝店制作，20世纪早期

插图注解

A: above; B: below; C: centre; L: left;
R: right; T: top

1 Image by and courtesy of Basso & Brooke
2 Image by Pedrita Junckes, courtesy
Basso & Brooke
7 Library of Nineteenth Century
Photography
9 All images Library of Nineteenth Century
Photography
10 Library of Congress Prints and
Photographs Division, Washington D.C.
(LC-USZC4-8766)
11 Hulton-Deutsch Collection/Corbis
12A Reg Speller/Fox Photos/Getty Images
12B Popperfoto/Getty Images
13 Collection Anne Finch
17 Victor Boyko/Getty Images
18 Collection of author
19 Images by Victor Hensel-Coe, thanks to
Blackstyle, London N8
20 Francois Guillot/AFP/Getty Images
21 Catwalking
22 Catwalking
23 Alexander Klein/AFP/Getty Images
25 Victor Boyko/Getty Images
26 Thomas Giddings, courtesy Sibling
27 All images Thomas Giddings
28 Catwalking
29 AL: Library of Congress Prints and
Photographs Division, Washington D.C.
(LC-DIG-nclc-03576)
R: Library of Congress Prints and
Photographs Division, Washington D.C.
(LC-DIG-nclc-03583)
B: Library of Congress Prints and
Photographs Division, Washington D.C.
(LC-DIG-nclc-03850)
30–31 Courtesy Stylesight
31 Catwalking
32–33 All images Alex Telfer
36 Peter Willi/Superstock/Getty Images
37 Courtesy Alexander McQueen
38 Image by Victor Hensel-Coe
39 Images by Victor Hensel-Coe
40 Courtesy Christopher Shannon
41 Video still courtesy Christopher
Shannon
44 Library of Nineteenth-Century
Photography
46 Collection of author
47AL and CR: Courtesy Rokit
47AR: Courtesy Beyond Retro
48 Courtesy Gieves & Hawkes Archive,
No. 1 Savile Row

49 Salomon Mesdach courtesy MoMu,
Antwerp
50 Courtesy Stylesight
51 Courtesy Stylesight
53 Top row: Alex Lee
Middle: L Alex Lee, others courtesy
Stylesight
Bottom: L Alex Lee, others courtesy
Stylesight
54 John Dominis/Time Life Pictures/
Getty Images
55 Garment shots courtesy Baracuta Hulton-
Deutsch Collection/Corbis
56 Terry O'Neill/Getty Images
57 L: Catwalking / R: Catwalking
58 Library of Congress Prints and
Photographs Division, Washington D.C.
(LC-DIG-ggbain-16880)
59 Popperfoto/Getty Images
60 AR: Library of Congress Prints and
Photographs Division, Washington D.C.
(LC-DIG-ggbain-29394)
Others: Courtesy Jonathan Quayle
collection
61 John Swope/Time Life Pictures/
Getty Images
62 John Kobal Foundation/Getty Images
63 Francois Guillot/AFP/Getty Images
64 Image by Victor Hensel-Coe with thanks
to The Vintage Showroom
65 L: John Chillingworth/Picture Post/
Getty Images
R: Library of Nineteenth-Century
Photography
66 Image courtesy Barbour
67 Image courtesy Barbour
68 All images courtesy Aitor Throup
69 All images courtesy Aitor Throup
70 Collection of author
71 L: Image by Victor Hensel-Coe
R: Catwalking
72 L: Catwalking
R: Courtesy Dr & Mrs Kirke
73 L: Gordon Wiltsie/National Geographic/
Getty Images
R: Catwalking
76 L: Courtesy A Child of the Jago
R: Jane Sweeney/Lonely Planet Images/
Getty Images
77 Courtesy Walter Van Beirendonck
79 Formal wear guide courtesy Sean Chiles
Illustrations collection of author
84 Collection of author
85 L: Catwalking
AR: Collection of author

B: Image by Victor Hensel-Coe, with
thanks to The Vintage Showroom
86 Courtesy of the Gieves & Hawkes
Archive, No. 1 Savile Row
87 Courtesy of Gieves and Hawkes
88 Courtesy of Timothy Everest/Fashion
and Textile Museum, London
89 Courtesy of Timothy Everest/Fashion
and Textile Museum, London
90 A: Andrew MacPherson
B: Ruth Costello
91 Ruth Costello
92 Library of Congress/Science Faction/
Getty Images
93 Collection of author
94 Francois Guillot/AFP/Getty Images
95 A: Library of Congress Prints and
Photographs Division, Washington
D.C. (LC-DIG-fsa-8a03304)
C: Library of Congress Prints and
Photographs Division, Washington
D.C. (LC-DIG-matpc-18058)
B: Library of Congress Prints and
Photographs Division, Washington
D.C. (LC-USF33-020849-M5)
96 A: Library of Nineteenth-Century
Photography
B: Courtesy Dr & Mrs Kirke
97 A: Image courtesy the Gieves & Hawkes
Archive, No. 1 Savile Row
L: Image by the author
R: Catwalking
100 Martino Lombezzi, courtesy
Stone Island
101 Photography: Nick Griffiths. Styling:
Simon Foxton
102–103 Martino Lombezzi, courtesy Stone
Island
104 Courtesy Beyond Retro
105 A: Image courtesy Carhartt WIP
B: Courtesy Beyond Retro
106 L: Image courtesy Stone Island, from
the book *Stone Island, Archivio
'982–'012* Photography: Nick Griffiths.
Styling: Simon Foxton
R: Catwalking
108 Courtesy A Child of the Jago
109 B: Image courtesy the Gieves &
Hawkes Archive, No. 1, Savile Row
110 L: Collection of author
R: Library of Nineteenth-Century
Photography
111 L: Library of Nineteenth-Century
Photography
R: Collection of Damien Arness-Dalton

112 AC: Library of Congress Prints and Photographs Division, Washington D.C. (LC-USZC4-1292)
R: Catwalking
B: Collection of author
113 CR: Library of Congress Prints and Photographs Division, Washington D.C. (LC-USF33-T01-000375-M1)
BL: Catwalking
BR: Library of Congress Prints and Photographs Division, Washington D.C. (LC-USF33-011919-M4)
114 L: Courtesy Rokit
R: Victor Hensel-Coe with thanks to The Vintage Showroom
115 CL: Library of Congress Prints and Photographs Division, Washington D.C. (LC-DIG-fsa-8a03304)
116 L: Courtesy Rokit
R: Courtesy Guido Kerssens, AMFI, Amsterdam
117 L: Library of Congress Prints and Photographs Division, Washington, D.C., 20540 USA
R: Fotosearch/Getty Images
118 A: Courtesy Beyond Retro
B: By the author
119 Collection of author; Victor Hensel-Coe
120 L: Courtesy Carhartt WIP
R: Collection of author
121 Collection of author; David Scott Noble
122 L: Courtesy Dickies
B: Courtesy Shelley Fox, Parsons New School, New York
123 Courtesy Dickies
124 Ruth Costello, courtesy Timothy Everest
125 Alex Telfer, courtesy Nigel Cabourn
Loom: courtesy of Guido Kerssens, AMFI, Amsterdam
126 L: George Silk/Time Life Pictures/Getty Images
127 L: Catwalking
R: Catwalking
128 Victor Hensel-Coe, with thanks to The Vintage Showroom
129 Clockwise: Jean-Erick Pasquier/Gamma-Rapho/Getty Images
Catwalking Collection of author
130 all: Collection of author
131 Thomas Giddings, courtesy Sibling
132 Image by Dan Lecca, courtesy Walter Van Beirendonck
133 Images by Alex Telfer, photography courtesy Nigel Cabourn
136 L: Library of Nineteenth Century

Photography
R: Collection of author
137 A: Collection of author
B: Collection of author
138 Courtesy Rokit
139 Clockwise: Courtesy Beyond Retro
Library of Congress Prints and Photographs Division, Washington D.C. (LC-USZ62-133650)
Courtesy Beyond Retro
Courtesy Matt Williams
Courtesy Matt Williams
140 Dan Lecca, courtesy Walter Van Beirendonck
142 Pierre Verdy/AFP/Getty Images
143 Pierre Verdy/AFP/Getty Images
144–45 All images courtesy Aitor Throup
148 Jordan Jennings, courtesy XXBC
149 Alex Lee
154 Catwalking
157 Portrait: Roland Stoops
Others: Dan Lecca
160 Kirn Vintage Stock/Corbis
161 Clockwise: Collection of author
Image courtesy Oldmagazinearticles.com
Image courtesy Oldmagazinearticles.com
Garment images courtesy Rokit
162 Giuseppe Cacace/AFP/Getty Images
163 Courtesy A Child of the Jago
164 Clockwise: Collection of author
Heritage Images/Corbis
Oldmagazinearticles.com
165 Sally Cook
166 A: Courtesy Rokit
B: Sally Cook
167 AL: Sally Cook
AR and B: Victor Hensel-Coe
168 Courtesy Charles Kirke
169 Catwalking
171 Courtesy Central Saint Martins, London
173 Clockwise: Catwalking
Library of Congress Prints and Photographs Division, Washington D.C. (LC-DIG-fsa-8a03304)
Library of Congress Prints and Photographs Division, Washington D.C. (LC-USF33-020849-M5)
174 Keystone/Getty Images
175 Courtesy Rokit
176–77 Images by Victor Hensel-Coe, with thanks to Blackstyle, London N8
178 L: Catwalking
R: Courtesy Beyond Retro
179 David Scott Noble
180 Keystone/Hulton Archive/Getty Images

181 John Springer Collection/Corbis
182 Courtesy Beyond Retro
183 Catwalking
184 AL: Library of Congress Prints and Photographs Division, Washington D.C. (LC-USF33-012294-M2)
AR: Library of Congress Prints and Photographs Division, Washington D.C. (LC-USZ62-133650)
185 Clockwise: Courtesy Beyond Retro
Courtesy Rokit
186 Courtesy Stylesight
187 Image by Victor Hensel-Coe, with thanks to The Vintage Showroom
188 Courtesy Beyond Retro
189 Courtesy Beyond Retro
190 Courtesy Beyond Retro
191 Clockwise: Collection of author
Library of Congress Prints and Photographs Division, Washington D.C. (LC-DIG-fsa-8a05969)
Collection of author
Image courtesy Einar Garnes/Gerd Garnes
Image courtesy the Gieves & Hawkes Archive, No. 1 Savile Row
192 AL and details: Courtesy Rokit
CR: Library of Congress Prints and Photographs Division, Washington D.C. (LC-USZ62-25122)
BC: Library of Congress Prints and Photographs Division, Washington D.C. (LC-USW33-053754-ZC)
193 Catwalking
194 Courtesy Gloverall
195 Daily Herald Archive/SSPL/Getty Images
Image courtesy Gloverall
196 Catwalking
197 A: Catwalking
197 B: Courtesy Stylesight.
198 Courtesy Gloverall
199 Courtesy Gloverall
200 Courtesy Rokit
201 Michael Ochs Archive/Getty Images
202 Library of Congress Prints and Photographs Division, Washington D.C. (LC-USW3-028129-E)
203 Styling by Simon Foxton, photo by Nick Griffiths courtesy Stone Island
204 Courtesy the Gieves & Hawkes Archive, No. 1, Savile Row
207 Library of Nineteenth-Century Photography
208 Library of Nineteenth-Century Photography

译者的话

时尚一向是容易引起人们关注的话题，那光怪陆离的秀场、明艳照人的模特，无不让人浮想联翩，但似乎人们由此而联想到的往往是女性时装。可见，在这一领域中，男装时尚一直未能受到人们热切的关注。但事实上，男装时尚同样有其光辉的发展历史，同样有着不朽的经典作品，设计师们也同样不断地将新思想引入潮流之中。

作者罗伯特·利奇在本书中阐述了男装时尚的演变历史，并介绍了男装业界最新的研究和观点。他通过人物采访、图片展示的直观方式，从经典复古的款式到前卫新潮的设计，为读者呈现出了男装设计师的设计灵感，从而使读者能够真正理解，成功的时装创作总是依赖于脚踏实地的研究与对生活元素的感知和提炼。书中，罗伯特·利奇如数家珍般地列举了男装领域中的领军品牌和风云人物，如巴宝莉、路易·威登、兄弟等品牌，汤姆·布朗尼、川久保玲、亚历山大·麦昆等知名设计师，更让读者深入了解了品牌成功背后的有趣故事。

本书的翻译工作历经数月，期间我查阅了许多文献资料。从一开始单纯地为译而译到后来被书中的故事和信息所吸引而译，使我不但享受了翻译工作逐渐完成的成就感，更使我有机会系统、深入地了解男装时尚，从而提高我个人的审美鉴赏能力。在整个翻译工作过程中，非常感谢北京服装学院的郭平建教授和刘卫副教授给予我的专业指导及为本书翻译所做的贡献，也感谢研究生武星星、朱斌、冀宝玉、李春阁四位同学在翻译工作前期所做的资料查阅等工作。当然，由于时间有限且本人能力和经验尚有不足，译作中难免有不妥之处，敬请广大读者指正，以便日后修正。

本书为北京服装学院 2014 校级创新团队——国外服饰文化理论研究团队项目（编号：2014A-26）成果。

赵　阳

2017 年 1 月

内 容 提 要

本书对如何调研、收集信息、整合灵感并转化为设计产品进行了重点阐述，这是男装设计的重要环节。

全书注重设计实践，依次介绍了十余位当今炙手可热的优秀设计师，并展示了他们为创作服装作品而展开的过程。同时，深入剖析调研与灵感，并对一些知名品牌公司的服装设计流程进行了个案剖析。此外，还对一些经典服装进行了研究，通过极具说服力的案例图片，阐述服装设计中的具体应用。

本书图文并茂、编排精美，案例丰富而有创造性，适合服装专业师生、时尚从业人员以及广大时尚爱好者阅读与收藏。

原文书名：THE FASHION RESOURCE BOOK：MEN
原作者名：ROBERT LEACH

Published by arrangement with Thames and Hudson Ltd，London

The Fashion Resource Book：*Men* © 2014 Thames & Hudson Ltd，London

Text copyright © 2014 Robert Leach

This edition first published in China in 2017 by China Textile and Apparel Press，Beijing

Chinese translation © China Textile and Apparel Press

本书中文简体版经 Thames & Hudson 授权，由中国纺织出版社独家出版发行。

本书内容未经出版者书面许可，不得以任何方式或任何手段复制、转载或刊登。

著作权合同登记号：图字：01-2014-1234

图书在版编目（CIP）数据

男装设计：灵感·调研·应用 /（英）罗伯特·利奇著；赵阳，郭平建译.

-- 北京：中国纺织出版社，2017.5

（国际时尚设计丛书 . 服装）

书名原文：THE FASHION RESOURCE BOOK：MEN

ISBN 978-7-5180-2865-8

Ⅰ．①男… Ⅱ．①罗…②赵…③郭… Ⅲ．①男服—服装设计

Ⅳ．① TS941.718

中国版本图书馆 CIP 数据核字（2016）第 202769 号

策划编辑：李春奕　　责任编辑：陈静杰　　责任校对：楼旭红

责任设计：何　建　　责任印制：王艳丽

中国纺织出版社出版发行

地址：北京市朝阳区百子湾东里A407号楼　邮政编码：100124

销售电话：010 — 67004422　传真：010 — 87155801

http：//www.c-textilep.com

E-mail：faxing@c-textilep.com

中国纺织出版社天猫旗舰店

官方微博http：//weibo.com/2119887771

北京华联印刷有限公司印刷　各地新华书店经销

2017年5月第1版第1次印刷

开本：787×1092　1/16　印张：13

字数：110千字　定价：78.00元

凡购本书，如有缺页、倒页、脱页，由本社图书营销中心调换